岸线资源调查与评价丛书

黄河岸线资源与生态调查评估

段学军　邹　辉　王晓龙　徐昔保　陈维肖　等　著

科学出版社

北　京

内 容 简 介

本书基于岸线资源与生态调查研究框架，紧密结合国家黄河生态保护和高质量发展战略，采取遥感解译、模型评估、实地调查等方法技术，系统调查评估了黄河岸线资源与生态状况，并对沿岸社会经济发展、文化资源等进行了研究分析。全书共 7 章，内容包括黄河流域地理环境基础、黄河岸线资源调查与评估、黄河岸线生态系统服务功能、黄河沿岸湿地类型与空间格局、黄河与沿岸文化资源、大河流域经济带理论与经验、黄河岸线保护与利用政策建议等。

本书可供涉及内河岸线资源的地理学、环境科学、生态学、城市与区域规划、水利与流域管理等领域科研人员、政府部门管理人员和高等院校有关专业师生参阅。

审图号：GS 京（2024）2390 号

图书在版编目（CIP）数据

黄河岸线资源与生态调查评估 / 段学军等著. --北京 ：科学出版社，2024. 12. --（岸线资源调查与评价丛书）. -- ISBN 978-7-03-078869-6

Ⅰ. P931.1

中国国家版本馆 CIP 数据核字第 2024F06B32 号

责任编辑：周 丹 沈 旭/责任校对：郝璐璐
责任印制：张 伟/封面设计：许 瑞

科学出版社 出版
北京东黄城根北街 16 号
邮政编码：100717
http://www.sciencep.com
北京汇瑞嘉合文化发展有限公司印刷
科学出版社发行 各地新华书店经销
*
2024 年 12 月第 一 版 开本：720×1000 1/16
2024 年 12 月第一次印刷 印张：12 1/2
字数：252 000
定价：189.00 元
（如有印装质量问题，我社负责调换）

前　言

黄河是中华民族的母亲河，大河两岸孕育了灿烂辉煌的黄河文明，成为中华文明的重要源流。作为我国重要的经济带和生态屏障，黄河流域内人口众多，自然环境复杂，流域经济发展质量受其自然生态容量、环境承载力和资源总量的制约，使流域发展与保护的矛盾成为影响黄河流域高质量发展的明显短板和亟待破解的难题。2019年9月，在黄河流域生态保护和高质量发展座谈会上，习近平总书记做出重要指示：保护黄河是事关中华民族伟大复兴和永续发展的千秋大计。黄河流域生态保护和高质量发展，同京津冀协同发展、长江经济带发展、粤港澳大湾区建设、长三角一体化发展一样，是重大国家战略。

处于水陆交界地带的黄河岸线，是港口、临港产业及城镇布局的空间，是黄河生态系统与景观的重要组成部分，亦是黄河文化的重要物质载体和见证，具有重要的生产、生活和生态功能，成为流域国土空间规划和生态空间管控极为关键的区域与环节，其历史价值、文化价值与科学价值深厚。中国科学院南京地理与湖泊研究所长期致力于岸线资源的基础理论与应用研究，在中国科学院科技服务网络计划（STS 计划）项目"长江经济带岸线资源调查与评估"及中国国土勘测规划院、中国地质调查局南京地质调查中心、中国环境科学研究院等单位委托项目等课题的资助下，通过实地调查研究，积累了大量科学资料及数据，经过系统分析探讨，先后出版了《长江岸线资源调查技术规程》《长江经济带岸线资源分类分级技术规范》《长江经济带岸线资源调查与评估》等专著。本书是在以上已出版的专著和长期调查、研究所积累的科研资料基础上，着重就黄河流域岸线资源利用与保护加以归纳分析和提炼，编写而成，以期为岸线资源理论研究与实践提供参考，并服务于黄河流域岸线资源调查评价、空间规划、战略环评等相关工作的开展。全书由段学军负责总体设计和组织撰写，邹辉、王晓龙、徐昔保、陈维肖、黄群等参与撰写。

本书的完成要特别感谢河南大学黄河文明与可持续发展研究中心、水利部黄河水利委员会水文局、黄河水利科学研究院相关专家给予的指导和建议，感谢河南省生态环境厅、青海省生态环境厅、榆林市生态环境局、包头市生态环境局、佳县生态环境局、贵德县生态环境局等有关部门和单位在研究与实地调研过程中提供的支持和协助，感谢科学出版社的编辑在本书出版过程中的辛勤付出。

　　岸线资源研究属于跨学科、大交叉的研究领域，还有诸多理论与实践问题亟待研究探讨，加之著者水平有限，书中疏漏之处在所难免，敬请广大读者惠正。

作　者

2024 年 3 月于南京

目 录

第1章 黄河流域地理环境基础

1.1 地理概况与生态环境趋势

黄河,中国的第二大河,世界第五大河,古称"河"或"大河",并一直延续至唐代,后世以河水多泥沙而色黄,故称黄河。黄河发源于青藏高原巴颜喀拉山北麓海拔 4500 m 的约古宗列盆地,蜿蜒东流,穿越黄土高原及黄淮海大平原,注入渤海。干流全长 5464 km,水面落差 4480 m,流域总面积 79.5 万 km²(含内流区面积 4.2 万 km²)。

1.1.1 地理概况

据地质演变历史的考证,黄河是一条相对年轻的河流,自形成仅有一百多万年的历史。早更新世,流域内还只有一些互不连通的内陆型湖盆,各自形成独立的水系。此后,随着西部高原的抬升,河流侵蚀、夺袭,历经中更新世,各湖盆间逐渐连通,构成黄河水系的雏形。到距今 10 万至 1 万年间的晚更新世,黄河才逐步演变成为从河源到入海口上下贯通的大河(戴英生,1983;水利部黄河水利委员会,2011a)。

黄河流经青海、四川、甘肃、宁夏、内蒙古、山西、陕西、河南、山东九省(区),在山东省东营市垦利区注入渤海。其形成的黄河流域位于东经 96°~119°、北纬 32°~42°,面积 79.5 万 km²(包括内流区面积 4.2 万 km²),西界巴颜喀拉山,北抵阴山,南至秦岭,东注渤海,东西长约 1900 km,南北宽约 1100 km。以内蒙古自治区呼和浩特市托克托县河口村和河南省荥阳市广武镇桃花峪为节点,将黄河分为上游、中游及下游,与其他江河不同,黄河流域上中游地区面积占流域总面积的 97%。河口村以上为黄河上游,河道长 3472 km,流域面积 42.8 万 km²;河口村至桃花峪为中游,河道长 1206 km,流域面积 34.4 万 km²;桃花峪以下为下游,河道长 786 km,流域面积只有 2.3 万 km²(河南省地方史志编纂委员会,1991;水利部黄河水利委员会,2011a)。

黄河流域地势西高东低,北高南低,东西方向高低悬殊,呈阶梯状逐级降低,在地形上形成自西而东、由高及低的三级阶梯,分属三个大地质构造单元。三级阶梯及各阶梯主要地形单元如下:

最高一级阶梯是黄河河源区所在的青海高原,位于著名的"世界屋脊"——青藏高原东北部,平均海拔 4000 m 以上,耸立着一系列北西—南东向山脉,如北部的祁连山，南部的阿尼玛卿山和巴颜喀拉山。黄河源头为巴颜喀拉山北麓的约古宗列盆地，河源区河谷宽阔，湖泊众多。出鄂陵湖后，黄河蜿蜒东流，迂回于山原之间，形成"S"形大弯道。河谷两岸的山脉海拔 5500～6000 m，相对高差达 1500～2000 m。雄踞黄河左岸的阿尼玛卿山主峰玛卿岗日，海拔 6282 m，是黄河流域最高点。

第二级阶梯地势较平缓，以黄土高原构成其主体，地形破碎。这一阶梯大致以太行山为东界，并以秦岭山脉作为黄河与长江的分水岭，海拔 1000～2000 m。黄河在这一阶梯内，先流经白于山以北属内蒙古高原的一部分，包括河套平原和鄂尔多斯高原两个自然地理区域；后流经白于山以南的黄土高原及汾渭盆地，其南部有崤山、熊耳山等山地。

河套平原西起宁夏中卫，东至内蒙古托克托，长达 750 km，宽 50 km，海拔 1200～900 m。河套平原北部阴山山脉海拔高达 1500 m 以上，西部贺兰山、狼山主峰海拔分别为 3556 m、2364 m。这些山脉犹如一道道屏障，阻挡着阿拉善高原上腾格里、乌兰布和等沙漠向黄河流域腹地侵袭。

鄂尔多斯高原的西、北、东三面均为黄河所环绕，南界长城，面积 13 万 km^2。除西缘桌子山海拔超过 2000 m 以外，其余绝大部分海拔为 1000～1400 m，是一块近似方形的台状干燥剥蚀高原，风沙地貌发育。库布齐沙漠逶迤于高原北缘，毛乌素沙漠绵延于高原南部，沙丘多呈固定或半固定状态。高原内盐碱湖泊众多，降雨地表径流汇入湖中，成为黄河流域内的一片内流区，面积超过 42200 km^2。

黄土高原北起长城，南界秦岭，西抵青海高原，东至太行山脉，海拔 1000～2000 m。黄土塬、梁、峁、沟是黄土高原的地貌主体。其中，塬是边缘陡峻的桌状平坦地形，地面广阔，适于耕作，是重要的农业区；梁和峁是沟壑分割的黄土丘陵地形，前者呈长条状垄岗，后者呈圆形小丘。塬面或峁顶与沟底相对高差变化很大，由数十米至二三百米。黄土土质疏松，垂直节理发育，植被稀疏，在长期暴雨径流的水力侵蚀和重力作用下，滑坡、崩塌、泻溜极为频繁，黄土高原成为黄河泥沙的主要来源地。

汾渭盆地，包括晋中太原盆地、晋南运城—临汾盆地和陕西关中盆地。太原盆地、运城—临汾盆地最宽处达 40 km，由北部海拔 1000 m 逐渐降至南部 500 m，比周围山地低 500～1000 m。关中盆地又名关中平原或渭河平原，南界秦岭，北迄渭北高原南缘，东西长约 360 km，南北宽 30.80 km，土地面积约 3 万 km^2，海拔 360～700 m。这些盆地内有丰富的地下水和山泉河，土质肥沃，物产丰富，素有"米粮川""八百里秦川"等美名。

崤山、熊耳山、太行山山地（包括豫西山地），处在此阶梯的东南和东部边缘。豫西山地由秦岭东延的崤山、熊耳山、外方山和伏牛山组成，大部分海拔在

1000 m 以上。嵩山余脉沿黄河南岸延伸，通称邙山（或南邙山）。熊耳山、外方山向东分散为海拔 600～1000 m 的丘陵。伏牛山、嵩山分别是黄河流域同长江、淮河流域的分水岭。太行山耸立在黄土高原与华北平原之间，最高岭脊海拔 1500～2000 m，是黄河流域与海河流域的分水岭，也是华北地区一条重要的自然地理界线。

第三级阶梯地势低平，包括下游冲积平原、鲁中丘陵和河口三角洲。本阶梯除鲁中丘陵海拔 500～1000 m 外，地势平缓，微向沿海倾斜。黄河冲积扇的顶端在沁河河口附近，海拔约 100 m，向东延展海拔逐渐降低。

下游冲积平原系由黄河、海河和淮河冲积而成，是中国第二大平原。它位于豫东、豫北、鲁西、冀南、冀北、皖北、苏北一带，面积达 25 万 km²。黄河流入冲积平原后，河道宽阔平坦，泥沙沿途沉降淤积，河床高出两岸地面 3～5 m，甚至 10 m，成为举世闻名的"地上河"。平原地势大体上以黄河大堤为分水岭，以北属海河流域，以南属淮河流域。

鲁中丘陵由泰山、鲁山和沂山组成，平均海拔 400～1000 m，是黄河下游右岸的天然屏障。主峰泰山山势雄伟，海拔 1532.7 m，古称"岱宗"，为中国五岳之首。山间分布有莱芜、新泰等大小不等的盆地平原。

黄河河口三角洲为近代泥沙淤积而成，地面平坦，海拔在 10 m 以下，濒临渤海湾。以利津县的宁海为顶点，大体包括北起徒骇河口，南至支脉沟口的扇形地带，黄河尾闾在三角洲上来回摆动，海岸线随河口的摆动而延伸。近百年来，黄河填海造陆，形成大片新的陆地（水利部黄河水利委员会，2011b）。

1.1.2 生态环境趋势

黄河上中下游生境多样，生态结构与服务功能独特，有重要的生物多样性保护价值，如分布于高寒冷水、峡谷激流和平原的过河口洄游性保护鱼类等水生生物的重要栖息保护地，以及分布于黄河源区、宁蒙河段、中下游河道和河口区的极为丰富的湿地资源（王浩等，2020）。黄河对华北部分地区和渤海生态系统的良性维持发挥着重要作用，黄河流域在我国"两屏三带"生态安全战略格局中具有十分重要的地位，关系国家生态安全和环境质量的稳定。流域内分布有青藏高原生态屏障、黄土高原—川滇生态屏障、北方防沙带，并有三江源草原草甸湿地生态功能区、黄土高原丘陵沟壑水土保持生态功能区等国家重点生态功能区 12 个，设立有近 100 个涉水类保护区，以及"三江源"国家公园。

同时，黄河流域生态系统及环境也极为敏感脆弱，流域内自然灾害与本底生态环境脆弱相叠加，威胁地区经济、社会稳定持续发展。黄河流域西北紧邻干旱的戈壁荒漠，流域内大部分地区也属干旱、半干旱区，北部有大片沙漠和风沙区，西部是高寒地带，中部是世界著名的黄土高原，干旱、风沙、水土流失灾害严重，生态环境脆弱。根据《黄河流域水土保持公报（2023 年）》，2023 年黄河流域水力侵蚀面积为 18.12 万 km^2，风力侵蚀面积 6.99 万 km^2，水土流失面积为 25.11 万 km^2（水利部黄河水利委员会，2024）。严重的水土流失使黄河以多泥沙著称于世，多年平均来沙量达 16 亿 t，年最大来沙量达 39 亿 t，成为世界上泥沙最多的河流。一方面，干支流高含沙水流可使水的色度、浑浊度增加，破坏水体的观感性状指标，降低水中的溶解氧和光照度，影响鱼类等生物的正常生长；且泥沙本底含有砷，造成黄河水体中含砷量过高，但泥沙本身含有相当数量的黏土矿物和有机、无机胶体，所以泥沙具有较强吸附作用，可以吸附某些污染物质。另一方面，上中游地区土壤侵蚀产生的大量泥沙不断输往下游地区，在漫长的历史时期冲积塑造了黄淮海大平原。黄河的频繁泛滥、改道也给下游平原地区造成巨大的灾难，黄河洪水的威胁，成为中华民族的心腹之患（水利部黄河水利委员会，2011c）。

从流域内河流水质来看，黄河干流大部分河段天然水质良好，pH 一般在 7.5～8.2，呈弱碱性。流域内河川径流的矿化度、总硬度分布由东南向西北呈递增趋势。大部分地区为矿化度 300～500 mg/L、总硬度 150～300 mg/L 的适度硬水。青海省果洛藏族自治州达日至久治的黄河干流两侧，黑、白河流域，洮河上游，渭河南岸秦岭北坡，伊、洛河上游，以及大汶河流域等地区，为矿化度小于 300 mg/L、总硬度小于 150 mg/L 的软水地区。兰州至石嘴山右岸的祖厉河、清水河、苦水河等支流，北洛河的支流葫芦河上游，泾河的西川上游，山西涑水河等地区，为矿化度大于 1000 mg/L、总硬度大于 450 mg/L 的极硬水地区，其中均以甘肃祖厉河最高，靖远站 20 年实测平均矿化度为 6820 mg/L、总硬度为 2410 mg/L。这些地区的水体中含有大量的氯离子和硫酸根离子，水质苦涩，人畜不能饮用。高含氟水源主要分布在内蒙古包头、陕西定边及宁夏盐池等干旱地区，导致这些地区氟病的发病率较高。

水环境质量监测结果显示，在参与评价的 5464 km 河长中，属于 I 类水质的河长为 3043.3 km，占河长的 55.7%，主要分布在刘家峡水库以上至河源河段，基本上未受人类活动的影响；属于 II 类水质的河长为 1888.2 km，占河长的 34.6%；属于 III 类水质的河长为 532.1 km，占河长的 9.7%；无 IV、V 类水质的河段（水利部黄河水利委员会，2011d）。监测数据显示，2006～2019 年黄河流域地表水水质获得了总体改善，在流域内 137 个河流断面中，I～III 类河流断面的比例提升了 23%，劣 V 类河流断面比例下降了 16.2%，总体水质状况由中度污染改善为轻度污染（"黄河流域生态保护和高质量发展战略研究"综合组，2022）。造成黄河水污染的物质，主要来自工矿企业排放的废污水和城镇居民生活污水（点污染源），以及随地面径流进入黄河水体的农药、化肥和工业废渣、垃圾中的有害物质（面污染源）。

1.2 气候变化与水资源条件

1.2.1 流域气候变化

黄河流域属大陆性气候，各地气候条件差异明显，东南部基本属半湿润气候，中部属半干旱气候，西北部为干旱气候。根据 1950～2020 年 ERA5 再分析资料统计（图 1.1），流域年平均气温为 6.0℃，由南向北、由东向西递减；流域平均年降水量为 486.8 mm，降水量总的趋势是由东南向西北递减，降水最多的是流域东南部的湿润、半湿润地区，秦岭、伏牛山及泰山一带年降水量超过 800 mm，降水最少的是流域北部的干旱地区，宁蒙河套平原年降水量不足 200 mm，流域降水量的年内分配极不均匀，年际变化悬殊；流域平均蒸散量为 386.7 mm，亦由东南向西北递减。

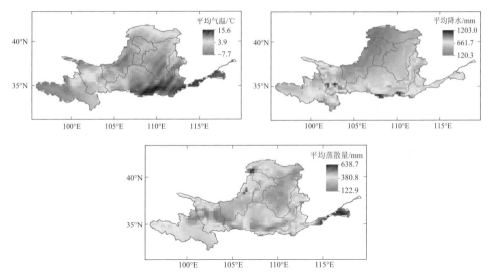

图 1.1 黄河流域平均气温、降水、蒸散空间分布

1950 年以来，流域气温呈显著上升趋势，上升速率为 0.027℃/a，其中 20 世纪 90 年代后增温最为明显，流域南部气温上升变化大于北部（图 1.2）。在季节变化上，黄河流域四个季节的温度变化均呈现上升趋势，以春季的增温趋势最为明显，夏季和秋季上游地区增温显著，下游增温相对较小。

流域降水总体呈下降趋势，下降速率为 1.29 mm/a，但降水变化的空间差异明显，上游地区降水有所增加，中游地区降水显著减小，其中源头地区降水增加最多，上升速率达 0.72 mm/a。春季和夏季降水以减少为主，且减少区域主要集中于陕西和山西地区；秋季降水以增加为主，河套地区的降水增加最为明显；冬季降水变化较小。

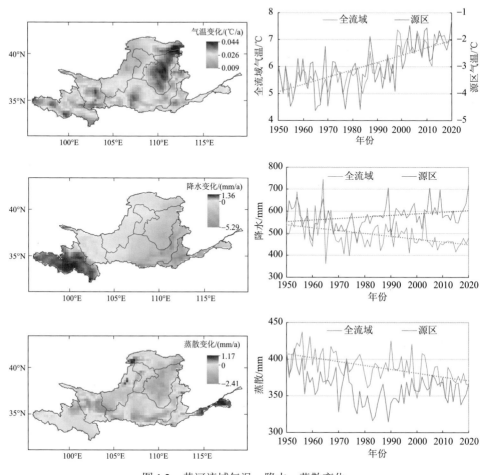

图 1.2　黄河流域气温、降水、蒸散变化

在显著升温的条件下，黄河流域蒸散却呈减少趋势，下降速率为 0.52 mm/a，风速降低可能是蒸散下降的主要原因。蒸散增加主要集中在源头地区与河套地区，由于黄河流域大部分处于干旱半干旱区，其蒸散主要受水分限制，这些地区蒸散增加可能与降水增加有关。全流域蒸散量的减少以夏季最为显著，春季次之（黄建平等，2020）。

20 世纪末以来源区呈加速升温态势，同时源区降水整体略微呈波动增加趋势，尤其是 2012 年以来气温和降水变化具有同步性，气候暖湿化趋势相当显著。此外，伴随黄河源区暖湿化趋势的持续，极端气温和降水事件也趋多趋强（刘彩红等，2021；丁一汇等，2023）。

1.2.2 水资源条件

1. 水资源分布与变化

2005～2017 年，黄河利津站以上多年平均水资源总量为 587.33 亿 m³，其中，河川天然径流量为 486.68 亿 m³，地下水资源量（扣除与地表水之间的重复量）为 100.65 亿 m³。黄河流域各二级分区水资源量（图 1.3）为：龙羊峡以上 197.57 亿 m³，龙羊峡—兰州 132.24 亿 m³，兰州—河口村–0.71 亿 m³，河口村—龙门 49.28 亿 m³，龙门—三门峡 122.39 亿 m³，三门峡—花园口 59.78 亿 m³，花园口以下 26.78 亿 m³。兰州以上为黄河流域主要产水区，占水资源总量的 56.15%，兰州—河口村区间为水资源净损耗区。20 世纪 50 年代以来，黄河全流域及各二级分区的水资源量均呈下降趋势（图 1.4），下降速率约 3.55 亿 m³/a，其中兰州—河口村区间下降幅度最大，从水资源产水区变为净损耗区。

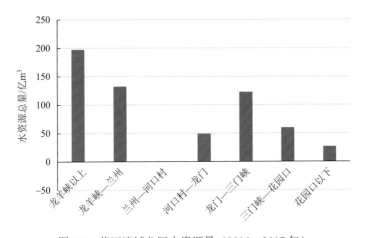

图 1.3 黄河流域分区水资源量（2005～2017 年）

黄河干流多年（2005～2017 年）实测径流量以兰州站最大，为 297.05 亿 m³，出口利津站最小，为 169.00 亿 m³（图 1.5）。径流量沿程变化表现为上游兰州以上段、中游段径流量沿程增大，上游兰州以下段、下游径流量沿程减小。

20 世纪 50 年代以来，黄河各站实测径流量与天然径流量（对取用水及水库蓄泄水进行还原后的径流量）均呈下降趋势，但实测径流量的下降幅度明显大于天然径流量（图 1.6）。如花园口天然径流量的下降速率为 2.57 亿 m³/a，实测径流量的下降速率则达 5.04 亿 m³/a。径流量的下降幅度有从上游至下游沿程增大的趋势。

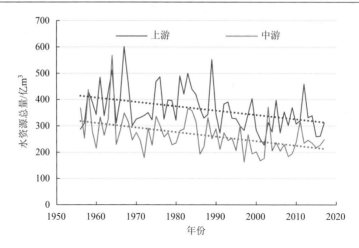

图 1.4　黄河流域水资源量变化

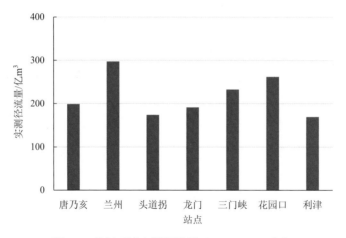

图 1.5　黄河干流实测径流量（2005～2017 年）

对于全流域而言，人类活动是黄河径流量下降的主要原因，人类活动突出表现为用水量的增加，治理水土流失引起的流域下垫面性状改变也起到一定作用。一般认为，黄河径流量变化中取用水贡献率为 1/2，气候变化的贡献率为 1/4，下垫面的贡献率为 1/4（孔岩等，2012；"黄河流域水系统治理战略与措施"项目组，2021）。

截至 2007 年，流域内已建成蓄水工程 19025 座、总库容 715.98 亿 m^3，引水工程 12852 处，提水工程 22338 处，机电井工程 60.32 万眼，集雨工程 224.49 万处，各类工程设计供水能力达到 557 亿 m^3，实际供水能力 476 亿 m^3。其中，黄河干流的主要枢纽工程如表 1.1 所示。另外，在黄河下游还兴建了向两岸海河平原地区、淮河平原地区供水的引黄涵闸 96 座，提水站 31 座。经过几十年的建设，

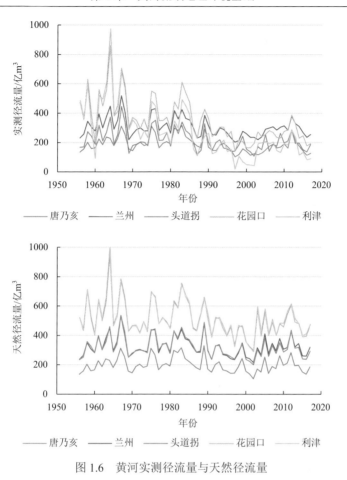

图 1.6　黄河实测径流量与天然径流量

表 1.1　黄河干流枢纽工程概况（引自《黄河流域综合规划（2012—2030 年）》）

水库	控制面积/万 km^2	总库容/亿 m^3	调节库容/亿 m^3	蓄水时间（年.月）
龙羊峡	13.14	247	193.6	1986.10
刘家峡	18.18	57	41.5	1968.10
三门峡	68.84	96.4	60.45	1960.10
小浪底	69.45	126.5	50.5	1999.10
盐锅峡	18.27	2.2	0.095	1961.03
青铜峡	27.5	6.06	0.3	1967.04
三盛公	31.4	0.8		1961.04
八盘峡	21.59	0.49	0.09	1975.06
万家寨	39.5	8.96	4.45	1998.10

黄河流域及下游引黄地区农田灌溉面积由 1950 年的 1200 万亩[①]发展到 2016 年的 1.26 亿亩（其中流域外 0.33 亿亩），主要分布在上游的宁蒙平原、中游的汾渭盆地和下游的引黄灌区（约占总灌溉面积的 64%）。

根据《黄河流域水土保持公报（2021 年）》，2021 年，黄河流域水土流失面积为 25.93 万 km^2，黄土高原地区水土流失面积为 23.13 万 km^2，占黄河流域水土流失面积的 89.2%。黄河流域累计初步治理水土流失面积 25.96 万 km^2，其中，修建梯田 624.14 万 hm^2，营造水土保持林 1297.18 万 hm^2，种草 237.66 万 hm^2，封禁治理 437.32 万 hm^2。现有大型淤地坝 6265 座、中型淤地坝 1.05 万座、小型淤地坝 4.02 万座。黄河流域水土保持率从 1990 年的 41.49%提高到 2021 年的 67.37%，其中黄土高原地区 2021 年水土保持率为 63.89%。

黄河源区人类活动强度较低，径流量下降主要受气候变化的影响。黄河源区位于东亚季风区边缘地带，气候变化受季风进退和强度异常的年际变化影响较为显著，20 世纪南海夏季风减弱，使输送到黄河源区的水汽减少，进而导致降水量和地表水资源的减少。综合多项研究成果，气候变化对径流减少的贡献率约为 2/3（主要为气温升高导致的蒸发增加），人类活动的贡献率约为 1/3；此外，20 世纪 90 年代之后由于青海三江源自然保护区生态保护和建设工程的实施，人类活动的影响呈减小趋势（李林等，2011；李万志等，2018）。

黄河降水径流关系在 1986 年左右发生突变（丁艳峰和潘少明，2007；刘昌明等，2019）。如图 1.7 所示，径流系数（采用天然径流量）突变前为 0.164，突变后为 0.141，相当于在降水不变的情况下减少了 70 亿 m^3 左右的径流量。降水径流关系变化的原因可能来源于以下几个方面：①由于天然径流量只还原了人类活动取水量，并没有考虑水土保持等人类的间接影响，故产流率下降主要与流域下垫面改变有关，原因可能是 1984 年以来实施了一系列水土保持措施，尤其是 1986 年国家安排专项资金由黄河水利委员会负责开展了水土保持治沟骨干工程试点建设，在入黄泥沙得到初步控制的同时也导致径流量的下降。②近几十年来气温的显著上升也起到部分作用，气温上升会导致蒸发量增加，从而使产水量减少。③社会经济用水存在监测计量和监督管理欠缺的情况，取用水统计中的偏差也有可能是造成这一现象的原因之一（潘启民等，2017）。

关于未来气候变化对黄河流域水资源的影响研究方面存在不同看法。王光谦等（2020）采用耦合模式比较计划第五阶段全球气候（CMIP5）中典型浓度排放路径 RCP4.5 情景，分析了黄河潼关以上流域的年均降水量，显示 2020~2030 年、

---

① 1 亩≈666.6667 m^2。

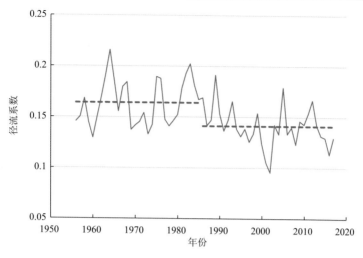

图 1.7　黄河流域径流系数变化（天然径流量）

2020～2040 年和 2020～2070 年时段的平均降水量相较于 1991～2018 基准年的年均降水量分别增加 0.59%、2.73% 和 4.73%，表明未来降水量将呈增加趋势，但涨幅不大，与 1991～2018 年相比，未来 50 年天然径流增加约 4.40%。王国庆等（2020）基于 RCPs 排放情景下 7 个全球气候模式的气候情景资料，分析了黄河流域未来的气温及降水变化趋势，表明黄河流域在未来 30 年（2021～2050 年）气温将持续显著升高，尽管多数气候模式预估不同排放情景下黄河流域以增湿为主，但仍有一些模式预估黄河流域未来降水可能减少，降水变化预估的不确定性较大，受气温显著升高和降水变化影响，未来黄河流域水资源量以减少为主，2021～2050 年黄河流域水资源量较基准期可能偏少 2%～4%。

径流量历史变化可从另一个角度对未来进行预判，根据黄河水利委员会勘测规划设计研究院推求的三门峡站径流量系列（王国安等，1999），如图 1.8 所示，黄河长序列天然径流量变化特征为：多年平均径流量为 500.85 亿 m^3，有观测以来，径流量最小值为 241.4 亿 m^3（1928 年），最大值为 802.6 亿 m^3（1967 年）。径流量的长期变化没有明显的趋势性或周期性，而是呈不规则的丰枯交替状态，其中 1930 年前后为枯水期，20 世纪 30 年代中期至 80 年代为丰水期，90 年代后又进入枯水期。与之前的丰水期相比，90 年代后平均径流量减少了 25.8%。根据径流量历史变化过程，并考虑到 90 年代后的枯水期已历 30 年，未来黄河转丰或转平的可能性是比较大的。

2. 水资源利用的压力

黄河以仅占全国 2% 的河川径流量承担着全国 15% 的耕地和 12% 人口的供水，

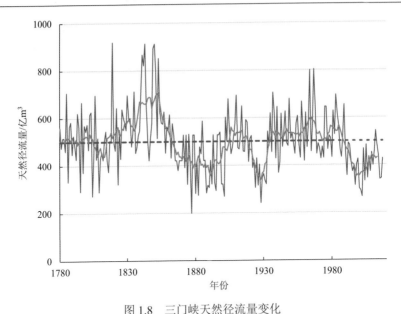

图 1.8　三门峡天然径流量变化

蓝色实线为径流量；蓝色虚线为多年平均径流量；橘色实线为 10 年滑动平均径流量

同时还承担着向流域外部分地区远距离调水的任务。黄河流域人均河川径流量仅为 473 m³，不足全国平均水平的 1/4，是我国水资源极其短缺的地区之一。

20 世纪 50 年代以来，随着国民经济的发展，黄河的供水量不断增加。1950 年，黄河流域供水量约 120 亿 m³，主要为农业用水，近年黄河流域供水量均在 500 亿 m³ 以上，2014 年高达 534.78 亿 m³。

2005~2017 年，黄河流域多年平均取水量为 508.49 亿 m³，耗水量为 405.73 亿 m³，分别占水资源总量的 86.58%和 69.08%。流域耗水量中，地表水耗水量为 314.81 亿 m³，地下水耗水量为 90.92 亿 m³（图 1.9）。分河段统计（图 1.10）显示，兰州—头道拐河段及花园口以下河段耗水量较大，分别达 125.44 亿 m³、124.20 亿 m³。各行业耗水量（图 1.11）分别为农业灌溉 280.04 亿 m³，林牧渔畜 28.09 亿 m³，工业 48.62 亿 m³，城镇公共 8.45 亿 m³，居民生活 25.64 亿 m³，生态环境 14.89 亿 m³。农业灌溉耗水量占总耗水量的 69.02%。

多年来黄河流域地下水耗水量较为稳定，总耗水量的增加缘于地表水耗水量的增加。从地表水还原量（耗水量）看，20 世纪 50~60 年代处于相对较低的水平，70~80 年代快速增加，90 年代后总体趋于稳定，但仍有小幅增加（图 1.12）。

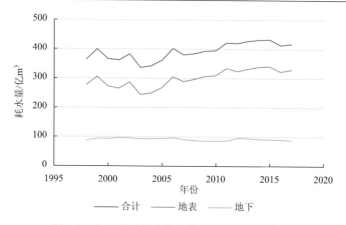

图 1.9　黄河流域耗水量变化（1998～2017 年）

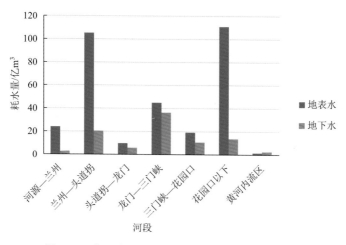

图 1.10　黄河流域分河段耗水量（2005～2017 年）

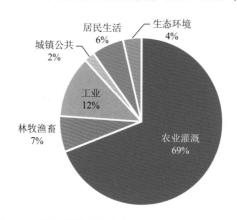

图 1.11　黄河流域分行业耗水量（2005～2017 年）

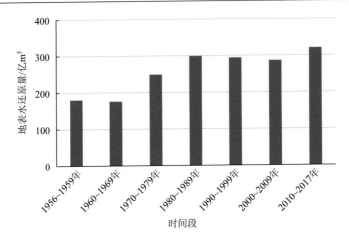

图 1.12　地表水还原量（耗水量）年代变化

从分行业用水变化（图 1.13）看，农业用水量呈先增后减的态势。2000 年前随着灌溉面积增加，农业用水量持续增加，2000 年后农业用水量不断减少（由 1999 年的 338.00 亿 m³ 减至 2017 年的 271.67 亿 m³），其间灌溉面积虽然仍呈增大趋势，但节水措施取得了较好的效果，农田实际灌溉定额下降，有效满足了农业用水需求。

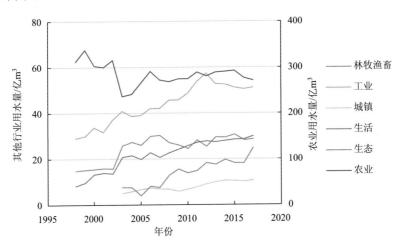

图 1.13　分行业用水量变化（地表水+地下水）

工业用水量在 20 世纪 80～90 年代增加较快，2000 年后增加趋缓，近年受流域工业发展速度减缓和工业节水强度提高的影响，工业用水量有所下降。

林牧渔畜用水在 2004 年后缓慢增加。

生活用水量增长较快，年均增长 1.09 亿 m³，随着城镇居民生活水平的提高，生活用水增速远超人口增长速度。

由于城市环境改善和生态文明建设的推进，黄河流域生态用水量呈现增加趋势。其中，河道外人工生态环境用水量增加较快，随着黄河流域生态保护和高质量发展重大国家战略的实施，未来黄河流域生态环境用水量可能持续增加（杨翊辰等，2021）。

总体上看，2000 年以来虽然农业灌溉用水量有所下降，但其他行业用水量均有所增加，抵消了农业灌溉用水下降的效应。

与全国及其他流域相比，黄河流域实际灌溉定额、万元 GDP 用水量、人均用水量等指标均低于全国平均值（表 1.2），水资源利用效率有较大幅度提高，但与发达国家和世界先进水平相比仍有一定差距（"黄河流域水系统治理战略与措施"项目组，2021）。

表 1.2　2016 年黄河流域与全国用水水平比较

区域	人均用水量/m³	万元 GDP 用水量/m³	居民用水定额/[L/（人·d）]	万元工业增加值用水量/m³	农田实际灌溉定额/（m³/hm²）
黄河流域	343	100	101	34	5520
全国	438	129	136	84	5700
海河流域	237	62	92	23	3150
淮河流域	308	91	105	45	3540
长江流域	447	123	153	158	6165

黄河流域水资源供需矛盾主要体现在以下几个方面：①黄河流域多处于半干旱气候带，水资源先天不足，目前取水量、耗水量分别占水资源总量的 86.58% 和 69.08%，还要保证下游 220 亿 m³ 的生态环境用水，已远超黄河水资源的承载能力，水资源供需矛盾非常尖锐。②径流时空分布不均，汛期 7～10 月径流量占全年的 57.9%，而用水则主要集中在非汛期，占全年的 65%；兰州以下径流量占全河的 33%，用水量则占全河的 93%。来水与用水在地区和时间上不相适应，而干流水库在丰枯水年之间和丰枯水季之间的调节能力较为有限。③部分地区地下水超采严重，形成降落漏斗，引起一系列环境地质问题。④随着经济社会快速发展，工业和城市生活需水量仍不断增长，缺水形势将更加严重。据预测，在充分考虑节水的情况下，2020 年、2030 年流域内国民经济总需水量分别为 521.1 亿 m³、547.3 亿 m³，总缺水量分别为 106.5 亿 m³、138.4 亿 m³，水资源短缺严重制约着经济社会的持续发展（水利部黄河水利委员会，2013）。⑤生产用水严重挤占河道内生态环境用水，威胁河流健康，1999 年开始实施黄河水量统一调度后，虽然干流连续 21 年不断流，但生态流量偏低且不稳定，2013～2017 年满足程度降到 55.2%（杨柠等，2020）。

3. 流域水资源配置

20 世纪 70 年代黄河流域社会经济快速发展，地表水用水量急剧增加，加上缺乏有效的规划和管理，上游省（区）无序引水，致使黄河下游自 1972 年开始频繁断流。为缓解黄河断流严峻形势和水资源开发利用中无序引水问题，1987 年 9 月，国务院下发了国办发〔1987〕61 号文件，批准《关于黄河可供水量分配方案的报告》（"八七"分水方案），我国大江大河首个分水方案就此产生。方案安排下游河道排沙水量 200 亿 m³，流域可供水量 370 亿 m³。各省（区、市）年分水量分配与平均耗水量见表 1.3 和图 1.14。此后，在运用中先后开展了"八七"分水方案细化、新径流条件下分水方案完善、用水总量控制红线制定等一系列工作，分水方案得到持续细化、深化、发展和完善，有力支撑了黄河流域水资源管理，成为流域管理重要的技术文件。在此基础上，1999 年后黄河水资源实行统一调度管理。运用 30 年来，"八七"分水方案及黄河水资源管理实践有效控制了流域用水需求的增长，协调了各省（区、市）用水关系，支撑了流域经济社会可持续发展与生态环境维持，1999 年后黄河干流未再出现断流（王煜等，2019）。

表 1.3　南水北调工程生效前黄河可供水量分配方案　　　　（单位：亿 m³）

省（区、市）	青海	四川	甘肃	宁夏	内蒙古	陕西	山西	河南	山东	河北、天津
年分水量	14.1	0.4	30.4	40.0	58.6	38.0	43.1	55.4	70.0	20.0

注：资料来源于 1987 年国务院批转的《关于黄河可供水量分配方案的报告》。

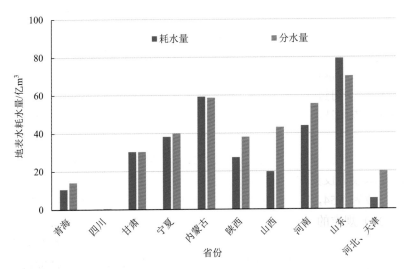

图 1.14　黄河流域各省（区、市）平均地表水耗水量（2005～2017 年）

近年来，由于黄河水沙情况、流域用水格局、跨流域调水及流域发展战略等方面出现的变化，黄河流域水资源配置面临新一轮调整：

（1）"八七"分水方案采用的基础径流是 1919～1975 年黄河多年平均天然径流量 580 亿 m³。第二次全国水资源评价得出 1956～2000 年黄河多年平均天然径流量为 535 亿 m³，2001～2017 年黄河多年平均天然径流量减少为 456 亿 m³。在天然径流量偏低的情况下，黄河生态流量偏低且不稳定，2002 年入海生态水量的满足程度仅为 37.9%，所以黄河可分配的水资源总量需要重新核定。同时，黄河来沙量也发生了显著变化，干流潼关站来沙量 1960～1986 年为 12.10 亿 t，1987～1998 年减少为 5.42 亿 t，1999～2017 年年均仅 2.46 亿 t，入黄泥沙的变化势必要求对黄河生态用水进行科学核算，确定合理的生态用水量（杨柠等，2020）。

（2）黄河流域各省（区、市）经济社会发展程度、对黄河分水依赖程度及水资源利用效率的差异发生了很大变化，改变了黄河用水空间格局：甘肃、宁夏、内蒙古、山东等省（自治区）用水量经常性超过分水指标，而山西、陕西等省用水量则一直未达到分水指标，必须充分考虑以上综合因素，公平科学地调整分水比例。

（3）南水北调工程是缓解我国北方水资源严重短缺局面的战略性基础设施，按照规划东、中、西三条线路从长江调水北送，总调水规模为 448 亿 m³，几乎等于再造一条黄河。南水北调东中线一期工程已经生效，将在很大程度上改变河南省、河北省、天津市和山东省原有的供水结构。引汉济渭、永定河引黄生态补水等跨流域调水也对山西省、陕西省的供用水格局产生影响。

（4）黄河流域生态保护和高质量发展已上升为国家战略，习近平总书记指出："要坚持以水定城、以水定地、以水定人、以水定产，把水资源作为最大的刚性约束，合理规划人口、城市和产业发展，坚决抑制不合理用水需求，大力发展节水产业和技术，大力推进农业节水，实施全社会节水行动，推动用水方式由粗放向节约集约转变"（习近平，2019）。

随着黄河流域社会经济的不断发展，水资源供需矛盾将长期存在，解决之道还是在于开源节流、合理分配，目前需要重点关注下面一些问题：

（1）节水方面需要评估农业用水的节水空间和可能性。据研究，由于流域大中型灌区节水改造投资短缺，渠系工程老化失修严重，田间工程配套不完善，灌溉水利用系数为 0.54，个别灌区只有 0.40，低于《节水灌溉工程技术标准》（GB/T 50363—2018）规定的节水标准，尚有一定的节水潜力（杨翊辰等，2021）。对于农业用水之外的各项用水，也需要评估其不断增长的合理性。

（2）流域水资源调度对缓解供需矛盾的作用。黄河流域规划提出构建"三线梯级、联调联供、节水充分、补短强管"的流域水资源配置格局，即构建以南水北调西线、中线、东线和黄河干流龙羊峡、刘家峡、黑山峡、古贤、三门峡、小浪底 6 座控制性梯级调蓄水库组成的流域水资源配置工程体系,但对于流域水资源时空调配能力,这些工程将产生多大作用尚无法确定。

(3)黄河流域生态保护目标的确定。生态保护目标决定了生态需水量,生态需水与社会经济发展需水之间存在一个平衡问题,如何确定生态修复的轻重、优先次序及生态修复到什么程度,需要精细辨析与核定。

(4)黄河流域高质量发展转型需求对水资源分配的影响。以往的全流域水资源动态分配管理是基于各地区上一发展阶段的历史用水规模,总体而言与未来高质量发展转型存在不匹配的问题。需要在资源禀赋和国家整体布局的基础上,研究确定沿黄各区域的主体功能。

(5)城市化对水资源需求的影响。城市群的崛起和发展是经济发展的重要引擎,黄河流域城市群规模小、经济发展水平相对低、未来的发展空间大。城市化将使居民生活和公共服务用水的需求在空间上出现重大变化,需要研究城市化对水资源利用效率、水资源安全变化方面的影响。

1.3　沿岸城市与人口分布

历史上黄河下游由于频繁改道迁徙,曾流经今河北、天津、河南、山东、安徽、江苏 6 省市。现黄河流经青海、四川、甘肃、宁夏、内蒙古、山西、陕西、河南、山东 9 省区,从山东省境注入渤海。其中青海省的黄河流域面积最大,达 15.3 万 km^2,占黄河流域总面积的 19.1%;山东省最少,仅 1.3 万 km^2,占流域总面积的 1.6%。宁夏回族自治区有 75.2%的面积在黄河流域内;陕西、山西两省分别有 67.7%和 64.9%的面积在黄河流域内。

据 1995 年行政区划的统计,黄河流经的 9 省区中,黄河流域共涉及 69 个地区(州、盟、市)、329 个县(旗、市),其中全部位于黄河流域内的县(旗、市)共有 236 个(水利部黄河水利委员会,2011e)。青、甘、宁、内蒙古、晋、陕 6 省区的省会或自治区首府均在黄河流域内。豫、鲁两省省会虽然不在流域内,但都位于黄河之滨,与黄河的关系十分密切,故本研究中包括这两个城市。

黄河(龙羊峡水库以下)沿岸涉及 8 个省(区、市)40 个地级城市,其中内蒙古自治区、河南省、山东省涉及地级城市较多(表 1.4)。紧邻黄河沿岸(黄河沿岸 5 km 以内)的地级城市有三门峡市、乌海市、吴忠市、滨州市、兰州市,紧邻黄河沿岸(黄河沿岸 5 km 以内)的区县行政单元(非城市主城区)有陕县(现为陕州区)、佳县等。从上游至下游依次包括贵德县、尖扎县、循化撒拉族自治县、永靖县、兰州市、靖远县、中卫市(沙坡头区)、中宁县、青铜峡市、吴忠市(利通区)、永宁县、惠农区、乌达区、乌海市、磴口县、巴彦淖尔市、乌拉特前旗、包头市、托克托县、河曲县、府谷县、佳县、吴堡县、韩城市、三门峡市、平陆县、郑州市、东明县、平阴县、济南市、济阳区、滨州市、利津县、垦利区。

表 1.4 黄河沿岸省级、地级行政单元

省（区、市）	黄河（龙羊峡水库以下）沿岸地级行政单元
青海省	海东市、海南藏族自治州、黄南藏族自治州
甘肃省	白银市、兰州市、临夏回族自治州
宁夏回族自治区	石嘴山市、吴忠市、银川市、中卫市
内蒙古自治区	阿拉善盟、巴彦淖尔市、包头市、鄂尔多斯市、呼和浩特市、乌海市
陕西省	渭南市、延安市、榆林市
山西省	临汾市、吕梁市、忻州市、运城市
河南省	济源市、焦作市、开封市、洛阳市、濮阳市、三门峡市、新乡市、郑州市
山东省	滨州市、德州市、东营市、菏泽市、济南市、济宁市、聊城市、泰安市、淄博市

　　首位度在一定程度上代表了城镇体系中的城市发展要素在最大城市的集中程度。1939 年，马克·杰斐逊（M. Jefferson）提出了城市首位律（the law of the primate city），作为对国家城市规模分布规律的概括。他提出这一法则是基于观察到一种普遍存在的现象，即一个国家的"首位城市"总要比这个国家的第二位城市大得异乎寻常。不仅如此，首位城市还体现了整个国家和民族的职能和情感，在国家中发挥异常突出的影响。城市首位律理论的核心内容是研究首位城市的相对重要性，即城市首位度。为了简化计算和易于理解，杰斐逊提出了"两城市指数"，即首位城市与第二位城市的人口规模之比的计算方法：$S=P_1/P_2$。

　　两城市指数尽管容易理解和计算方便，但不免以偏概全。为了改进首位度两城市指数，又有人提出四城市指数和十一城市指数。

　　四城市指数：$S=P_1/(P_2+P_3+P_4)$

　　十一城市指数：$S=2P_1/(P_2+P_3+\cdots+P_{11})$

　　按照位序–规模的原理，所谓正常的两城市指数应该是 2，正常的四城市指数和十一城市指数应该是 1。尽管四城市或十一城市指数能更全面地反映城市规模的特点，但有些研究也表明它们并不比两城市指数有显著优势。2000 年、2010 年和 2017 年黄河沿岸两城市指数、四城市指数和十一城市指数见表 1.5。

表 1.5 黄河沿岸城市首位度

城市首位度	2000 年	2010 年	2017 年
两城市指数	1.074594	1.137326	1.153465
四城市指数	0.416349	0.422649	0.414533
十一城市指数	0.293709	0.306085	0.302465

通过首位度测算发现，黄河沿岸城市首位度较低。2000～2018年，城市人口最多的前三位城市为郑州市、菏泽市、济宁市，其人口差距相对较小。2018年，郑州市人口1014万人，菏泽市和济宁市紧随其后，为876.50万人和834.59万人。同时，城市人口幂律分布曲线较为平缓，没有表现出明显的"陡坡"和"长尾"特征，进一步说明黄河沿岸的城市人口分布总体较为均衡，没有呈现特别明显的极化现象。

从城市群来看，根据国家"十三五"规划纲要对全国城市群的划分，黄河流域地区包括七个城市群，分别为以济南、青岛为中心城市的山东半岛城市群，以郑州为中心城市的中原城市群，以太原为中心城市的山西中部城市群，以西安为中心城市的关中平原城市群，以银川为中心城市的宁夏沿黄城市群，以呼和浩特为中心城市的呼包鄂榆城市群和以兰州、西宁为中心城市的兰州—西宁城市群，城市群已经成为承载黄河流域社会经济发展要素的主要空间形式。在国家战略层面上，《黄河流域生态保护和高质量发展规划纲要》进一步提出构建形成山东半岛城市群、中原城市群、关中平原城市群、兰州—西宁城市群和由宁夏沿黄城市群、呼包鄂榆城市群、太原城市群所共同组成的黄河"几字弯"都市圈等"五极"发展格局，作为区域经济发展增长极和黄河流域人口、生产力布局的主要载体。其中，山东半岛城市群是沿黄城市群中唯一处于成熟阶段的城市群，具有黄河流域唯一的出海口，承担着辐射引领整个黄河流域经济社会发展的战略重任，是以东带西、承南启北的"龙头"；中原城市群体量最大且区位重要，具有承接发达地区发展元素并向中西部地区传导的重要作用，是中部地区高质量发展的"大梁"；关中平原城市群具有深厚的文化底蕴和坚实的工业基础，发展基础较好、发展潜力较大，是亚欧大陆桥的重要支点；黄河"几字弯"都市圈是我国最大的跨省都市圈，集能源富集区、革命老区、民族聚集区、边疆地区、传统农牧区、流域文化发祥区于一体，是新一轮西部大开发的重要引擎；兰州—西宁城市群是我国西部重要的跨省区城市群，具有区位与资源禀赋优势，在维护我国国土安全和生态安全大局中具有不可替代的独特作用。

从城市人口增速（图1.15）来看，银川市、郑州市、吕梁市、鄂尔多斯市等城市人口增速较快，2000～2018年人口增速在30%以上，特别是银川市人口增长91.13%。而濮阳、三门峡市和白银市人口增长缓慢，2000～2018年人口增速在5%以内，开封市、渭南市、巴彦淖尔市、海东市和吴忠市人口呈现负增长，特别是吴忠市人口增速为–25.73%。

从城市人口变化绝对值来看，郑州市、济南市、吕梁市和银川市增加较多，2000～2018年人口增加在100万人以上，其中郑州市从2000年的666万人增长到2018年的1014万人（增长了348万人）。而济源市、三门峡市、海南藏族自治州、黄南藏族自治州、阿拉善盟、白银市增幅较小（增加10万人以下），开封市、巴彦淖尔市、海东市、渭南市和吴忠市 2000～2018 年分别减少了 2 万人、2.41 万人、3.99 万人、6.23 万人和 49.03 万人。

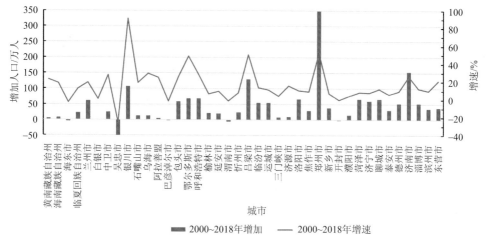

图 1.15　黄河沿岸各城市人口变化图

黄河流域地级行政单元中有 17 座地级市出现收缩现象，占城市总量的 18.68%；23 个市辖区处于收缩状态，占市辖区总量的 11.79%；231 个市辖县处于收缩状态，占市辖县总量的 42.46%。城市收缩可划分为孤点式收缩、连绵式收缩和交错式收缩三种类型，其中孤点式收缩主要包括青海、山东和山西部分市辖区县，连绵式收缩主要包括甘肃、内蒙古和河南部分市辖区县，交错式收缩主要包括宁夏和陕西部分市辖区县（陈肖飞等，2020）。

1.4　沿岸经济与产业格局

黄河流域大部分地处我国中西部地区，经济社会发展相对滞后，是我国经济社会发展的重点地区之一。其实黄河流域早期在历史上有长达 3000 多年一直都是中华民族的政治、经济中心，只是后期随着经济中心南移，加之黄河流域大部分地处中西部地区，对外开放程度不高，又受到自然环境的制约，导致后续发展动力不足。当然，随着近来"一带一路"建设、黄河流域生态保护和高质量发展重大国家战略的实施，黄河流域将迎来新的发展机遇，有望实现经济全面加速发展，开创经济发展新格局。

流域内 9 省（区）总人口约为 1.2 亿人，占全国总人口的 9% 左右，城镇化率约为 40%。河套灌区、汾渭平原、黄淮海平原等是我国农业经济开发的重点地区，小麦、棉花、油料、烟叶、畜牧等主要农牧产品在全国占有重要地位。依托丰富的煤炭、电力、石油和天然气等能源资源及有色金属矿产资源,流域内建设有呼包鄂榆、关中－天水、兰州－西宁、宁夏沿黄经济区等能源和重化工基地、钢铁生产基地、铝业生产基地、机械制造和冶金工业基地,初步形成了工业门类比较齐全的格局。

黄河流域又是资源丰富、具有巨大发展潜力的地区,治理和开发黄河,对保证全国经济、社会的可持续发展有十分重要的意义。黄河流域范围内土地总面积11.9 亿亩(含内流区),其中耕地约 1.79 亿亩,林地 1.53 亿亩,牧草地 4.19 亿亩,宜于开垦的荒地约 3000 万亩。黄河下游现行河道洪泛可能影响范围的土地总面积1.8 亿亩(12 万 km²),其中耕地 1.1 亿亩,虽然不在流域范围以内,但仍属黄河防洪保护区。黄河流域内矿产资源丰富,矿产种类较为齐全。据 1991 年的资料,流域内探明的矿产有 114 种,在全国已探明的 45 种主要矿产中,黄河流域有 37种。以煤、石油、天然气、铝土矿、钼、金、铁、石灰岩、白云岩和石膏等为优势矿产(谭文娟等,2023)。其中,煤炭资源在全国占有重要地位,据 1991 年的资料,已探明煤产地 685 处,保有储量占全国总数的 46.5%,资源遍布沿黄各省区,而且具有品种齐全、煤质优良、埋藏浅、易开采等优点。石油、天然气资源也比较丰富,加上黄河干流的水力资源,实属全国的能源富足地区,也是 21 世纪全国能源开发的重点地区。

按照全国国土开发和经济发展规划,黄河上游沿黄地带和邻近地区,将进一步发展有色金属冶炼和能源建设,推进基础设施建设和环境保护,逐步建成开发西部地带的一个重要基地。黄河上中游能源富集地区,包括山西、陕西、内蒙古、宁夏、河南的广大区域,将逐步建成以煤、电、铝、化工等工业为重点的综合经济区,成为全国重要的煤炭和电力生产基地。同时要大力开展水土保持,改善生态环境的工作。黄河下游沿黄平原,仍然是全国工农业发展的重要基地。黄河的治理开发促进了黄河经济带的发展,沿黄地区经济和社会的发展又对治理黄河提出了更高的要求(水利部黄河水利委员会,2011f)。

从黄河流域内各省区的发展情况来看,上游、中游和下游呈现非常明显的阶梯型分布。黄河流域上游省份受生态环境脆弱、地形条件等因素的影响,经济发展程度相较于中下游地区经济发展水平较低。黄河沿岸城市总体经济发展水平相对较低,各地区经济发展水平差异较大。从发展速度来看,近年来,黄河流域上游、中游、下游地区呈现不同的特征。上游地区 GDP 总量小,发展速度也比较稳定。中游地区和下游地区内部则出现了比较明显的"衰落"与"分化"并存的格局。其中,中游地区的资源型省区内蒙古和山西在经历了经济发展的高点后出现了经济的迅速回落,而陕西近年来则出现了比较强势的增长。下游的河南和山东随着高铁网络的兴起,以及中部省份的快速崛起,在黄河流域经济版图中的地位越来越重要。

从城市层面来看，黄河流域内的经济发展水平总体也按照上游、中游、下游表现出从低到高的阶梯型分布，但各区域内的差距更大。2000~2018 年，黄河沿岸城市经济总量如表 1.6 所示。从经济总量来看，郑州处于首位，2018 年 GDP总量达到 10143.3 亿元。排名第二的是济南，达到 7856.56 亿元。紧跟其后的是淄博、济宁、洛阳、东营、榆林、鄂尔多斯等城市。经济总量排名靠后的城市位于青海、宁夏等上游地区，黄南藏族自治州 2018 年的 GDP 仅 88.3 亿元。

表 1.6　黄河沿岸城市 GDP

序号	城市	GDP/亿元		
		2000 年	2010 年	2018 年
1	海南藏族自治州	14.31	69.89	158.18
2	黄南藏族自治州	12.84	43.68	88.33
3	海东市	39.20	173.31	451.46
4	临夏回族自治州	30.18	106.38	255.35
5	兰州市	300.32	1100.39	2732.94
6	白银市	77.03	311.18	511.6
7	中卫市	13.86	173.19	402.99
8	吴忠市	91.78	217.16	534.53
9	银川市	128.75	792.61	1901.48
10	石嘴山市	33.68	218.49	605.92
11	乌海市	40.67	391.36	495.94
12	阿拉善盟	20.48	305.89	283.30
13	鄂尔多斯市	150.09	2643.23	3763.21
14	巴彦淖尔市	106.11	603.33	813.13
15	包头市	228.37	2460.80	2951.79
16	呼和浩特市	199.9	1865.71	2903.5
17	榆林市	105.05	1756.67	3848.62
18	延安市	130.63	885.42	1558.91
19	渭南市	165.47	801.42	1767.71
20	忻州市	86.25	437.46	989.13
21	吕梁市	105.2	845.54	1420.3
22	临汾市	190.81	890.14	1440.04
23	运城市	187.88	827.43	1509.64
24	三门峡市	161.93	874.42	1528.12
25	洛阳市	422.76	2320.25	4640.78
26	济源市	57.83	341.47	630.46
27	焦作市	227.61	1245.93	2371.5

续表

序号	城市	GDP/亿元		
		2000 年	2010 年	2018 年
28	郑州市	728.38	4040.89	10143.32
29	开封市	226.24	927.16	2002.23
30	新乡市	276.56	1189.94	2526.55
31	濮阳市	201.67	775.4	1654.47
32	泰安市	379.55	2051.68	3651.53
33	济宁市	556.26	2542.82	4930.58
34	菏泽市	211.33	1227.09	3078.78
35	聊城市	274.75	1622.38	3152.15
36	德州市	360.3	1657.82	3380.3
37	济南市	944.13	3910.53	7856.56
38	淄博市	614.42	2866.75	5068.35
39	滨州市	273.86	1551.52	2640.52
40	东营市	465.11	2359.94	4152.47

从经济总量变化来看，郑州较济南发展迅速，2000 年济南 GDP 排名第一，到 2018 年则排名第二。其中，榆林和鄂尔多斯经济发展迅速，在黄河沿岸城市经济总量中排进前十名。这也反映出，黄河沿岸的经济格局发生了剧烈变化，特别是黄河中上游地区在资源型产业方面快速发展，支撑了黄河中部的崛起。

从人均经济总量来看，东营市处于首位，2018 年人均 GDP 达到 191942 元。其次为鄂尔多斯市，2018 年人均 GDP 为 181486 元。临夏回族自治州处于末位，2018 年人均 GDP 为 12447 元。总体来看，黄河流域呈现以下游地区为核心、中游地区为外围、上游地区为边缘的由东向西的"核心—边缘"结构。同时，在核心区内存在以济南为中心和以郑州为中心的增长极，在外围及边缘区域也存在着西安、太原、兰州几个重点的增长极。

由图 1.16 可知，从三次产业比重来看，2018 年工业比重较高的有济源市、阿拉善盟、榆林市、东营市、乌海市、吕梁市和石嘴山市，第二产业产值占 GDP 比重均超过 60%，这些城市都依托石油、煤炭等资源发展石油化工、煤化工产业，是典型的资源型城市。依据全国资源型城市名单，黄河沿岸大部分城市是资源型城市。

服务业比重较高的城市有呼和浩特市、临夏回族自治州、兰州市、济南市、包头市、郑州市、银川市、洛阳市，第三产业产值占 GDP 比重超过 50%，主要为省会城市和重要旅游城市。其中，包头第三产业比重为 55.8%，说明包头作为资源型城市，在不断转型发展。

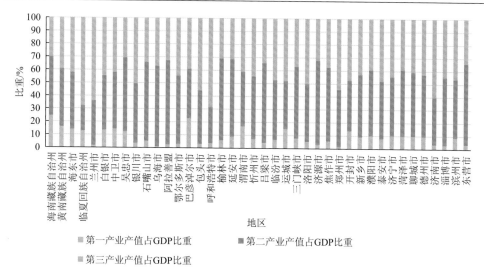

图 1.16　黄河沿岸三次产业比重

2013 年黄河沿岸城市分布着 1265 家化工企业（图 1.17），其中化学原料和化学制品制造业 995 家，石油加工、炼焦和核燃料加工业 270 家。化学原料和化学制品制造业主要分布在河南省、内蒙古自治区、山东省，其中河南省的化学原料和化学制品制造业企业高达 311 家。肥料制造、日用化学产品制造、颜料类产品制造、专用化学产品制造、精炼石油产品制造等化工企业主要分布在河南省。合成材料制造企业主要分布在山东省。基础化学原料制造企业主要分布在河南省和内蒙古自治区。山西省和陕西省煤炭资源丰富，炼焦企业主要分布在这两个省份。

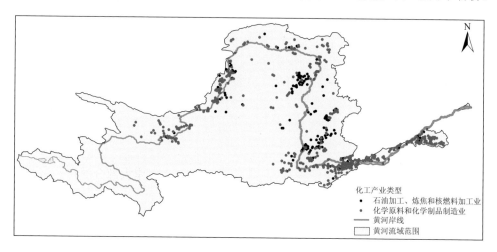

图 1.17　黄河沿岸城市化工产业分布

从工业总产值来看，石油加工、炼焦和核燃料加工业的工业总产值高于化学原料和化学制品制造业的工业总产值（表 1.7）。河南省和内蒙古自治区化学原料和化学制品制造业的工业总产值占黄河沿岸地区化学原料和化学制品制造业工业总产值的比重高达 52.25%，河南省和内蒙古自治区化学原料和化学制品制造业工业总产值占比分别为 26.26%、25.99%。陕西省和山西省煤炭等矿产资源丰富，62.22% 的石油加工、炼焦和核燃料加工业分布在这两个省份。其中，陕西省石油加工、炼焦和核燃料加工业总产值占黄河沿岸地区石油加工、炼焦和核燃料加工业总产值的比例为 28.25%，远高于其他省份。

表 1.7　黄河沿岸地区化工产业总产值

省份	化学原料和化学制品制造业		石油加工、炼焦和核燃料加工业	
	工业总产值/万元	占比/%	工业总产值/万元	占比/%
青海省	814387	0.24	0.00	0.00
甘肃省	23845001	6.97	78381774	16.90
宁夏回族自治区	30776381	9.00	50260456	10.84
内蒙古自治区	88899686	25.99	68375631	14.74
陕西省	27249039	7.97	131006991	28.25
山西省	35165152	10.28	67464414	14.55
河南省	89830146	26.26	64226546	13.85
山东省	45448706	13.29	4054145	0.87
总计	342028498	100.00	463769957	100.00

对黄河沿岸 5 km 范围内化工企业布局进行统计分析，得到如下分布情况（图 1.18）。2013 年，黄河沿岸 5 km 范围内有 217 家化工企业，其中，化学原料和化学制品制造业企业 178 家，石油加工、炼焦和核燃料加工业 39 家。可以看出，黄河上游和下游沿岸 5 km 范围内化工企业布局较为密集，其中基础化学原料制造企业最多，主要布局在甘肃省、宁夏回族自治区、内蒙古自治区和河南省。黄河沿岸地区第二产业产值在地区生产总值中占比较高，其中，化工企业对经济发展贡献较大。

黄河流域目前形成了山东半岛、中原、关中平原 3 个区域级城市群和兰州—西宁、山西中部、呼包鄂榆、宁夏沿黄 4 个引导培育地区级城市群的发展格局。受自然地理条件和经济发展阶段制约，黄河流域城市群总体上呈现地域面积广，粮食生产地位突出，人口和经济密度、城镇化水平、对外开放水平、人均发展水平低，财政能力弱的特征。如何在新发展阶段提升人口和经济的集聚能力，加快向高质量发展转型，是黄河流域城市群面临的重大挑战。

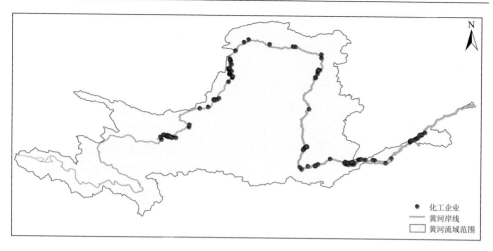

图 1.18　黄河沿岸 5 km 范围内化工产业分布

黄河流域自然地理条件和生态系统差异大，城市群的发展条件、发展阶段、功能定位、资源环境承载约束存在显著差异。例如，黄河上游的兰州—西宁城市群，生态环境脆弱，地广人稀，经济发展相对滞后，兰州、西宁等中心城市经济活力和带动能力不强；黄河上中游的黄河"几字弯"都市圈，生态环境脆弱，对矿产资源和水资源的依赖突出，绿色转型和污染治理任务艰巨；黄河中游的关中平原城市群，人口和城镇密集，科教和经济相对发达，但科教和文化资源转化成经济竞争力的能力有待提升；黄河中下游的中原城市群和山东半岛城市群，人口和经济规模体量大，但与京津冀、长三角等城市群相比，新旧动能转换滞后，开放发展能力不足，科技和教育对经济的支撑能力不强，郑州、济南、青岛在全球城市网络和国家城市体系中的地位和能级亟待提升（苗长虹，2022）。黄河流域经济发展总体呈现出经济增速逐步放缓、内部发展不平衡、产业结构层次偏低且重工业化特征明显，以及中心城市辐射带动能力弱的发展特点（杨丹等，2020）。

在中国生产力布局中，有两条东西向的经济带，一条是长江经济带，另一条是沿黄—陇兰经济带。沿黄—陇兰经济带，以黄河及陇海、兰新铁路为轴线，沟通和连接江苏（苏北）、安徽（皖北）、山东、河北、河南、山西、陕西、内蒙古、宁夏、甘肃、青海、新疆 12 个省区，它把黄河流域和铁路两侧辐射区的经济与全国生产力布局联系成一个整体，逐步发展成为一条以资源深度开发为主，工业与农、林、牧业综合协调发展，东西双向对外开放的产业经济带。黄河将为经济带的形成和发展，提供宝贵的水资源和丰富的水电资源，通过确保下游防洪安全，保障欧亚大陆桥的畅通（陇海铁路东段），通过长期开展水土保持工作，逐步改善黄土高原的生态环境。随着经济带的开发，必将促进黄河的治理开发（水利部黄河水利委员会，2011f）。

1.5　流域治理与综合管理

1.5.1　生态治理

黄河流域以河流为中心，由源头至河口呈现出极高的系统性与整体性，体现在流域内气候、土壤、植被、地形等自然条件共同作用于山、水、林、田、湖、草、沙等各生态要素，使其表现出不同的自然特征。黄河是关键的生态保护屏障，更是重要的经济地带，一直以来，黄河流域的保护与治理问题都是关注重点。

纵观历史，黄河流域的生态治理由来已久，古代黄河流域的治理主要是基于生产生活需要，被动地防御洪灾，治理范围也只限于黄河下游（王亚华等，2020）。1946 年开始，中国共产党领导人民治理黄河，揭开了治黄史的新篇章。1950 年 1月 25 日黄河水利委员会成立，作为流域性管理机构的黄河水利委员会由水利部领导负责黄河的治理和开发，标志着以流域为对象的治理模式的正式开始，也是早期黄河流域协同治理的方式。1954 年黄河规划委员会《黄河综合利用规划技术经济报告》，涵盖了"除害兴利、综合利用"的广泛内容；1955 年 7 月《关于根治黄河水害和开发黄河水利的综合规划的决议》通过人大审议，该规划统筹考虑全流域的治理与开发，突出综合利用的原则。1984 年国家计划委员会进一步推进黄河的治理与开发，此后黄委会会同国务院有关部门和流域内各省区相继开展了各项规划研究工作。1996 年《黄河治理开发规划纲要》编制工作完成，并于 1997年经国家计委和水利部审查上报国务院，其中提出今后治理开发黄河的方向和重大措施。

21 世纪以来，黄河生态治理进入新的挑战期，突出防洪和防治污染双重目标，在保证下游河堤的安全的同时开始注重对生态环境的保护和修复，提高水资源的有效利用，推动水生态环境保护。近年来，在《中华人民共和国水法》《中华人民共和国防洪法》《中华人民共和国水土保持法》《中华人民共和国水污染防治法》《黄河水量调度条例》等一系列法律法规的规制下，黄河流域保护与治理取得了一些成就。黄河流域的生态治理代表了中国大多数流域生态治理的进程，国家规范治理方法和途径，通过颁布或修订一系列生态治理及生态保护法律法规等，有效地防治了流域污染，保护流域生态环境安全。

2019 年 9 月 18 日，中共中央总书记、国家主席习近平视察黄河郑州段，并主持召开黄河流域生态保护和高质量发展座谈会。至此，黄河流域生态保护和高质量发展上升成为重大国家战略，作为中华民族的母亲河，黄河再次引发了社会各界的广泛关注。作为我国第二部流域性法律，《中华人民共和国黄河保护法》（以下简称《黄河保护法》）于 2022 年 10 月 30 日由全国人大常委会会议审议通过，这是继长江保护法之后全面推进国家"江河战略"法治化的又一标志性立法。

　　《黄河保护法》站在全面推进生态文明建设的战略高度，以水为核心、河为纽带、流域为基础，总结黄河保护治理实践经验，对黄河流域生态保护和高质量发展作出系统规定，是我国流域立法体系化、领域立法综合化的最新、最高成就，是新时代环境资源立法的杰出代表。其亮点主要有如下方面：

　　其一，全面系统。党的二十大报告指出，统筹水资源、水环境、水生态治理，推动重要江河湖库生态保护治理。资源、环境、生态三者是"一体三面"（也称"一体三用"）的关系，这是生态文明建设的逻辑起点和理论基石。《黄河保护法》以水资源、水生态、水环境、水灾害、水文化为核心范畴，对黄河流域的生态保护与修复、水资源节约集约利用、水沙调控与防洪安全、污染防治、促进高质量发展、黄河文化保护传承弘扬等作出了全面、综合、系统的规定。

　　其二，量身定制。黄河流域最大的矛盾是水资源短缺、最大的问题是生态脆弱、最大的威胁是洪水、最大的短板是高质量发展不充分、最大的弱项是民生发展不足。为此，《黄河保护法》在厘清"事实"的基础上，紧紧抓住水沙关系调节这个"牛鼻子"，对黄河流域上中下游的各种特殊问题规定了水资源刚性约束等量身打造的制度措施。特别是针对扎陵湖、小浪底等25条（个）河湖水库，子午岭—六盘山、秦岭北麓等5个重要山体区域规定了专门性制度。

　　其三，流域协同。"不谋全局者，不足谋一域。"习近平生态文明思想蕴含着科学的方法论，注重系统治理、协同治理。《黄河保护法》对流域协调机制作出详细规定，前后共用7个条文分别对协调机制的央地职能、体制保障、职责分工、监测网络、信息共享、专家咨询委员会、联合执法等方面作了系统规定，形成了"国家统筹＋流域机构统管＋省级协调＋部门联合＋专家咨询"的流域协调治理体系。

　　其四，统筹兼顾。黄河流域生态保护和高质量发展重大国家战略，既追求生态环境高水平保护，也追求经济社会高质量发展和人民群众高品质生活，精髓在于坚持生产发达、生活美好、生态平衡的"三生共赢"。《黄河保护法》不仅对高质量发展问题作出专章规定，还对民生保障问题和生态环境保护合理性问题给予特别关注。譬如，该法规定"优先满足城乡居民生活用水，保障基本生态用水，统筹生产用水"；对化工项目岸线管控问题，没有"一刀切"地规定一公里还是三公里，而是授权水利部、生态环境部等部委会同省级人民政府具体确定。

　　"一条河流一部法律"是近代水事立法的重要经验。《黄河保护法》是我国推进"江河战略"和"流域治理"法治化的最新成果，在中国流域立法史上具有里程碑式的重大意义，也为世界各国流域立法提供了中国方案、做出了中国贡献（杨朝霞，2022）。

1.5.2　流域管理

1. 流域管理机构与管理模式

当前，在黄河流域存在着一个重要的流域管理机构——水利部黄河水利委员会，其下设河务局和沿河地、市、县的河务部门为直属机构，同时这些部门也是各级地方政府的职能部门，与各地方人民政府共同承担流域管理职责。由此可见，黄河流域也采用了流域管理与行政区域管理相结合的管理模式，这种条、块结合的独特体制体现出黄河流域协同管理的特征，对流域治理和生态保护起到了重要作用。

黄河水利委员会同样是水利部派出的流域管理机构，黄委机关设在河南省郑州市，在黄河流域及新疆、青海、甘肃、内蒙古内陆河区域内依法行使水行政管理职责，职责内容与上述流域管理机构的范围大体相同。与长江水利委员会不同的是，黄河水利委员会是全国七大流域管理机构中唯一担负全河水资源统一管理、水量统一调度，并直接管理下游河道和防洪工程的流域管理机构。需要说明的是，从严格意义上来讲，黄河下游两岸地区并不完全属于黄河流域，但黄河下游河段是著名的"地上悬河"，其治理与黄河流域休戚与共，因此，黄河水利委员会也承担起了下游地区的管理。同时，黄河水利委员会下设有山东黄河河务局、河南黄河河务局、山西黄河河务局、陕西黄河河务局、黄河上中游管理局等，所属管理机构遍布黄河流域九省区，在黄河水利委员会统一领导下，负责各省区与黄河相关工作的实施与监督检查。

黄河流域在 2002 年《中华人民共和国水法》修订后，根据"统一管理与分级分部门管理相结合"的管理体制原则，基本形成了流域管理与区域管理相结合的管理体制。这一水资源管理制度确立了流域管理机构的法律地位，也在发挥黄河水利委员会及其所属机构职能的基础上，联合地方人民政府，共同承担起黄河水资源管理的职责。同时，这样一种管理模式也得到了多方面的应用实践。例如，在 2006 年颁布实施的《黄河水量调度条例》中，就明确了黄河水利委员会及其所属机构主要领导和地方行政首长共同负责黄河水量调度计划、调度方案和调度指令的执行。其实早在《黄河水量调度条例》颁布实施以前，国务院就曾批复过关于黄河的水量分配方案，但是一直没能够得到有效落实。究其原因，正是当时黄河流域管理局面混乱，各个主体权责不够明晰。后来采用这种流域管理与区域管理相结合的管理体制，对流域管理机构及地方人民政府在黄河水量调度中的职责进行梳理，并明文规定于行政法规之中，确保黄河实现不断流。

值得注意的是，尽管近年来随着各项法律、政策的颁布实施，黄河流域管理体制机制得到不断完善，但是由于缺乏整体协调机制，黄河水利委员会作为水利部派出的流域管理机构，权威性仍然不足，在没有法律规定或相关部门授权的领域，无法对各地方、各部门各项权能及其交叉做出统筹协调。而各地方、各部门又更多地从自身利益出发，流域内统筹协调难度进一步加大。与长江流域相比，黄河流域缺乏流域协调机制，这导致黄河流域管理体制呈现出条块分割、部门分割的态势，多头管理现象及问题依然存在。针对流域管理的不利局面，黄河立法应当通过系统性制度设计，对流域管理模式及管理机制做出优化，形成更为合理的流域管理体制机制（马梦雅，2021）。

2. 流域管理发展阶段

基于黄河流域的生态环境脆弱性和经济社会高质量发展的要求，政府加强环境治理和保护刻不容缓。党和国家高度重视黄河治理和综合开发，并在水污染防治、控制水土流失、节水灌溉及天然林保护等方面取得了明显成效。以黄河流域生态环境变化和经济社会发展阶段性特征为节点，对黄河流域管理的历史脉络和实践成效进行梳理、总结，改革开放以来，黄河流域管理的发展变化可分为"起步发展—逐步完善—全面推进"三个阶段。

1）起步发展阶段（1978～1999 年）

水是生产生活的重要物质资源。改革开放以来，国家积极开展农田水利工程建设，在荒漠化治理、抗水旱灾害、提高农业产量、改善交通、提升生活质量等方面发挥了关键作用。这一时期黄河治理主要着眼于水资源的合理利用与保护，以及水土流失综合治理工程，一方面制定水环境质量标准和排污标准，科学考察和调查评价水资源利用情况，合理利用黄河水沙资源，积极采用各种节水灌溉技术，提升水资源利用率，实现节约用水；另一方面积极开展植树种草，控制土地沙化，发展生态农业，治理水土流失，改善人居环境。

随着黄河流域工业化和城市化发展，不合理的水资源利用方式和粗放式的发展方式造成黄河流域断流、水资源短缺和环境污染等问题，保护与发展的矛盾突出。1979 年《中华人民共和国环境保护法（试行）》的颁布标志着我国环境规章制度的正式确立，明确提出要合理利用自然环境，严禁乱挖乱采，节约工业、农业和生活用水。从 1980 年开始，不合理的农业灌溉和工业用水导致黄河下游出现断流，水资源严重短缺，威胁生态安全。1980 年水利部颁发了《黄河下游引黄灌溉的暂行规定》，强调要搞好引黄灌溉，促进农业生产。1988 年《中华人民共和国水法》（以下简称《水法》）颁布实施，明确规定水资源属于国家所有，提出保护水资源，实行取水许可制度，并规定国家对水资源实行流域管理与行政区域管理相结合的管理体制，为推进我国水资源的统一管理迈出了重要的一步。作为黄河流域管理机构，黄河水利委员会相应地具有水行政管理职能。同年，制定了我国首个《黄河水资源保护规划》，提出了黄河生态环境的管理与保护，不应只是单一的水环境质量提升，更应该以水环境质量和水资源综合保障为目标。1993 年国务院颁布《取水许可制度实施办法》，水资源向有偿使用转变。1998 年，经国务院批准，《黄河可供水量年度分配及干流水量调度方案》和《黄河水量调度管理办法》相继颁布并实施，授权黄河水利委员会统一管理与调度黄河水资源，以缓解黄河流域水资源供需矛盾和遏制黄河断流形势，促进水资源合理利用与优化配置。

　　这一时期水土流失、荒漠化综合防治工作成效明显，基于黄河流域资源环境现状，政府出台关于水资源管理、水土治理的政策文件，旨在加强生态保护。环境规制力度逐渐加大，环境政策的目标已经从在问题出现后再采取被动应对措施转变为积极主动、预防性的行为主导，旨在通过提前预防和主动作为，减少环境污染和生态破坏，实现人与自然的和谐共生。但黄河流域生态环境脆弱，粗放式的发展方式对区域生态安全构成威胁，加强环境治理和保护刻不容缓。

　　2）逐步完善阶段（2000～2011 年）

　　黄河流域水资源过度开发利用造成一系列生态环境问题，水土流失严重，农田质量下降，水旱灾害频发，制约经济发展。面对这些问题，国家加大荒漠化治理力度，鼓励农民使用节水农业技术，促进资源合理利用，减少污染排放，推动环境改善。这一时期黄河治理遵循污染防治与生态保护并重的目标，不仅要加强环境治理，还要采取有效措施预防污染问题，从源头控制排放。构建水资源调配、水污染防治及水生态修复的生态格局，完善生态环境用水保障制度，加大生态保护监管和治理力度。

　　受发展条件、地理环境、要素配置等因素影响，黄河流域经济基础薄弱，资源能源的粗放型开采加重了水土流失和荒漠化，促使资源过度消耗，威胁生态安全。不合理的农业耕作技术、乱砍滥伐及过度放牧促使植被破坏，水土流失等生态环境问题严重。2000 年，国务院印发《全国生态环境保护纲要》，提出建立生态功能保护区，加大生态环境保护工作力度，扭转生态环境恶化趋势。2002 年《中华人民共和国水法》的修订，强化了水资源的流域管理，注重在流域范围内的水资源宏观调配，并提出对水资源依法实行有偿使用制度。新《水法》明确了流域管理机构在流域水资源管理中的作用，基本建立了流域管理与区域管理相结合的管理体制。2003 年水利部印发《水功能区管理办法》，以加强水资源的管理工作。2006 年颁布的《取水许可和水资源费征收管理条例》，强调实施取水许可和水资源费征收管理制度，实行总量控制与定额管理相结合。2008 年，环境保护部和中国科学院联合编制并发布《全国生态功能区划》，强调建立生态功能保护区，继续加强生态恢复与生态建设，并确定了三江源水源涵养重要区、黄土高原丘陵沟壑区土壤保持重要区、黄河三角洲湿地生物多样性保护重要区等多个重要生态服务功能区域。2011 年《中共中央 国务院关于加快水利改革发展的决定》对实行最严格的水资源管理制度作出了部署与安排，确立了水功能区限制纳污红线，同年批复同意《全国重要江河湖泊水功能区划（2011—2030）》，以加强水功能区监督管理，促进水资源合理开发和有效保护，落实最严格水资源管理制度，实现水资源可持续利用。此外，"十一五"期间由国家发展改革委、财政部等多部门出台《黄河中上游流域水污染防治规划（2006—2010 年）》，重点解决黄河中上游突出的水污染问题，推进流域水污染治理工程建设。

这一时期黄河治理在重视水资源合理利用和保护的基础上，将流域管理与区域管理相结合，更加强调黄河污染综合预防和治理。国家通过一系列政策实施旨在加大污染治理和环境保护力度，开展防沙治沙，保护天然林，治理水土流失，推进实施生态保护修复工程，并从源头预防和控制污染排放。由于黄河流域生态问题依然存在，政府治理环境的压力趋增，对环境治理和保护的重视程度也不断增强，市场型规制逐渐发展，但对环境保护投资力度有待加强。

3）全面推进阶段（2012 年至今）

2012 年，党的十八大报告提出了五位一体总体布局，强调要重视和加强生态文明建设。这意味着将可持续发展理念正式上升为绿色发展的高度，自此，生态文明建设便成为中国特色社会主义事业建设的重要内容。基于此，我国高度重视全国范围内的生态治理与保护工作，黄河流域生态环境问题便是其中重要一环。在城镇化和工业化发展带动下，黄河流域取得一定的经济成效，但面临的资源过度消耗和环境损害问题依然严峻，经济发展带来的生态保护压力仍然较大，需要破解资源环境约束与经济发展的矛盾，环境保护与治理问题始终受到党和政府的高度关注。2012 年颁布了《国务院关于实行最严格水资源管理制度的意见》，流域水资源治理制度化体系建设加速。同年 5 月，环境保护部等 4 部委印发《重点流域水污染防治规划（2011—2015 年）》，将黄河中上游作为水污染防治重点区域之一。2015 年，中央政治局常务委员会会议审议通过《水污染防治行动计划》（简称《水十条》），明确将在污水处理、工业废水、全面控制污染物排放等多方面进行强力监管并启动严格问责制。2016 年 12 月，《关于全面推行河长制的意见》出台，全面建立"河长制"，以保护水资源、防治水污染、改善水环境、修复水生态为主要任务，促进跨域水资源协同及流域内水治理体系的改善，河长制成为流域长效综合治理的一种创新模式。2019 年 9 月，习近平总书记在河南主持召开的黄河流域生态保护和高质量发展座谈会上强调："黄河生态系统是一个有机整体……要更加注重保护和治理的系统性、整体性、协同性"，加强黄河流域的协同治理成为黄河治理的关键所在。2021 年，中共中央、国务院印发《黄河流域生态保护和高质量发展规划纲要》，对加强全流域水资源节约集约利用、全力保障黄河长治久安、强化环境污染系统治理等作出细化部署。2022 年 6 月，四部门联合印发《黄河流域生态环境保护规划》，分类推进黄河上中下游生态保护；8 月生态环境部等12 部门联合印发《黄河生态保护治理攻坚战行动方案》，以改善生态环境质量为核心，统筹水资源、水环境和水生态，着力解决人民群众关心的突出生态环境问题；10 月 30 日，《中华人民共和国黄河保护法》（以下简称《黄河保护法》）经全国人民代表大会常务委员会审议通过，并于 2023 年 4 月 1 日起施行。《黄河保护法》聚焦黄河流域水资源严重短缺、生态恶化、上中下游掠夺性使用等根本性问题，注重从顶层设计入手，从法律层面加强了黄河保护与治理的系统性、整体性和协同性，为黄河流域生态保护和高质量发展提供了坚实的法律法规、政策机制和组织保障。

这一时期，党和国家综合运用经济、行政等政策工具，规制手段更加多元化，并以法律形式形成整体性的制度安排，坚持生态优先，形成环境保护与经济发展协调的规制理念，积极优化水资源配置，通过财政补贴促使企业利用治污技术，实现节能减排。在全国加强黄河流域环境治理和生态保护的背景下，流域内各省区也不断出台系列政策文件，强调合理安排生产、生活、生态用水，加强农田水利工程建设，鼓励清洁能源使用，对节水灌溉设备购置给予财政补贴，并通过制度安排不断提高环境污染的惩罚力度，强化地方各级政府责任，推动产业布局、经济发展与水资源承载能力相适应。

第2章 黄河岸线资源调查与评估

岸线作为与人类密切相关的重要国土空间，在资源、环境、人口和经济发展互动关系中居于核心地位，是流域开发与管理的主要资源之一。对黄河岸线保护与利用现状进行分析评价，是黄河流域生态保护和高质量发展的重点工作。

2.1 岸线资源调查评估方法

2.1.1 岸线资源理论

从国际相关研究来看，"岸线（waterfront）"一词是一个广泛的定义，具体取决于城市的景观和特定的环境。常见的滨水区包括河滨（riverfront）、海港（harbour-front）、湖滨（lakefront）、湖区（lake region）、海岸带（coastal zone）和海滩（beach）（Cheung and Tang，2015）。如海滨为"海洋与城市的交会地带"。Al Ansari（2009）将岸线（waterfront）描述为"这种独特的城市边缘地域既是城市的一部分，同时也是与水体相连的重要地带"。这个定义不仅涉及水还涉及建筑景观和自然景观之间的相互作用。城市岸线（urban waterfront）被定义为毗邻河流或海洋的城镇地域，城市和海洋之间的连接带或者土地和水两个不同系统相互作用的空间。不能简单地将岸线视为一条线，而应将其设想为在海洋和城市之间、港口和城市活动之间的地点、功能、附加物和枢纽的网络。河岸带（riparian zone）被定义为流动水生生态系统和其周围陆地生态系统之间的界面，通常包含河流两侧的河岸植被（Naiman and Latterell，2005），这些区域从河道的边缘一直延伸到受地表水或升高的地下水影响的地貌、土壤和植被的边缘。Salo 和 Theobald（2016）将河岸带定义为与河流相邻的相对平坦、潮湿的区域，这些区域在数十年至数百年的时间范围内受到地表水和地下水的强烈影响，并且植被不同于邻近的高地地区。海岸带（coastal zone）被定义为"沿海水域与相邻的陆地，彼此之间相互影响很大"[美国《沿海区管理法案》（*The Coastal Zone Management Act*），第 16 卷第 1453 条]。

从水文地貌学的意义上看，江河湖海的岸线是指一定水位下水域和陆域的交界线或指枯水到洪水的水位线变化的范围，是一种"线"的概念。如理论上定义海岸线为"陆地沿海的外围线，亦即海水面与陆地接触的分界线"。河流岸线是河流与陆地的分界线，它的位置受河流边界的影响。在岸线规划中，则将岸线看成一个"带状区域"。城市规划界认为，岸线应是一个空间概念，包括一定范围内的水域和陆域，是水域和陆域的结合地带（郑弘毅，1982；张谦益，1998）。由于岸线对于沿江沿海地区来说，可以多种方式供人类开发利用，同时岸线的数量是有限的，学者们认为岸线也是一种珍贵的资源。内河、沿海岸线作为宝贵的自然资源，承载着港口建设、给排水、美化城市和保护生物多样性等多种功能（潘坤友等，2013）。岸线资源的概念为江河两侧与湖泊海洋周边一定水域和陆域空间范围内一切可被人类开发和利用的空间和物质、能量和信息的总和，具体范围多大与利用方式和上下游，以及不同区段后方陆域地貌条件有关。岸线资源既具有行洪、调节水流和维护水生生态系统健康等自然与生态环境功能属性，同时又在一定条件下具有可以开发利用的土地资源属性，是一种可满足多种开发利用方式的空间资源。江河两侧、湖泊海洋周边广布宝贵的岸线资源，涉及水、陆、港、产、城和生物、湿地、环境等多方面，既是港口、产业及城镇布局的重要载体，也是江河湖海的生态屏障和污染物进入江河湖海的最后防线。作为江河湖海生态环境的重要组成和核心环节，岸线资源发挥着无可替代的重要生产、生活和生态环境功能（段学军等，2019）。

2.1.2　岸线资源分类

相关研究对岸线的分类通常考虑岸线的开发利用方式、开发利用程度、自然条件及生态功能。对岸线利用的分类，如表 2.1 所示。吴永铭（1993）在研究广东省汕尾市岸线规划时，将岸线分为生产岸线、生活岸线、交通运输及仓储岸线、特殊岸线四种类型。根据岸线的功能，分为生态岸线、生活岸线和生产岸线。其中，生态岸线包括取水口岸线和生态预留岸线；生产岸线包括港口岸线、工业岸线、过江通道岸线等（Cao and Cao，2011）。根据占用的情况划分为港口（公用、专用和货主码头占用）、工业（船舶、工业港、临水工业占用）、仓储（物资储运仓库、冷藏库、油库、粮库占用）、过江通道（汽、铁渡，桥梁，过江隧道，过江电缆占用）、生活服务（水厂、污水处理、取排水口、风景旅游场所占用）和其他用途岸线（部队、海关、港监等占用）6 种（王传胜，1999）。根据岸线利用现状，将岸线利用分为港口（指对社会开放的各类部、省与地方交通部门所属及其他非交通部门合资、合作兴建的码头等）、仓储（主要指占用岸线的各类石油、液化气、化工原料储罐场，粮食、食物油仓库等及附属码头）、工业（专指沿江火电、钢铁、化工、建材等基础工业及其他造纸、拆船、修造船等）、生活（包括城镇、城市取排水口和濒江风景区等）、过江通道（包括长江大桥、汽渡、桥隧位预留等）和特殊用途（专指军用和过江电缆保护等）占用六大类（杨桂山等，1999）。

《江苏省沿江开发总体规划》提出根据岸线的资源条件，合理确定岸线功能，按照港口码头、工业和仓储、过江通道、取水口、生活旅游、生态保护等不同类型开发利用岸线资源，提高岸线资源的使用效率。Cheung 和 Tang（2015）根据

表 2.1　岸线利用分类汇总

岸线利用方式分类	作者
生产岸线、生活岸线、交通运输及仓储岸线、特殊岸线	吴永铭, 1993
港口岸线、仓储岸线、工业岸线、生活服务岸线、生活公用岸线、科研大专院校岸线、其他岸线	郑弘毅, 1991
生态岸线（取水口和生态预留岸线）、生产岸线（港口、工业、过江通道）、生活岸线	Cao and Cao, 2011
港口（公用、专用和货主码头占用）、工业（船舶、工业港、临水工业占用）、仓储（物资储运仓库、冷藏库、油库、粮库占用）、过江通道（汽、铁渡，桥梁，过江隧道，过江电缆占用）、生活服务（水厂、污水处理、取排水口、风景旅游场所占用）和其他用途岸线（部队、海关、港监等占用）	王传胜, 1999
港口（指对社会开放的各类码头）、仓储（主要指占用岸线的各类石油、液化气、化工原料储罐场，粮食、食物油仓库等及附属码头）、工业（专指沿江火电、钢铁、化工、建材等基础工业及其他造纸、拆船、修造船等）、生活（包括城镇、城市取排水口和濒江风景区等）、过江通道（包括长江大桥、汽渡、桥隧位预留等）和特殊用途（专指军用和过江电缆保护等）	杨桂山等, 1999
自然岸线（自然交互岸线、硬质交互岸线和小幅干扰岸线）和人工岸线（港口码头岸线、工业生产岸线、城镇生活岸线和其他人工岸线）	段学军等, 2019
工业岸线、港口岸线、城市生活游憩岸线、过江通道岸线、取水口岸线	梁双波等, 2019
旅游使用、创意使用、居住使用、工业使用、港口码头占用、政府使用、海洋利用	Cheung and Tang, 2015

香港海滨空间利用情况，发现香港岸线空间利用方式主要有商业、绿带或公园、工业、综合开发区、开放空间、特殊占用、居住、桥梁、未利用等几种，根据功能将其总结为旅游使用、创意使用、居住使用、工业使用、港口码头占用、政府使用、海洋利用。结合岸线的自然特征和经济资源属性，段学军等将长江岸线资源划分为自然岸线（自然交互岸线、硬质交互岸线和小幅干扰岸线）和人工岸线（港口码头岸线、工业生产岸线、城镇生活岸线和其他人工岸线）（段学军等，2019）。

岸线资源的开发利用总是反映在岸线向水域、陆域延伸一定范围的空间占用。根据岸线及后方陆域是否有大规模开发利用活动为标准，结合黄河岸线及沿岸地形地貌、人类活动等因素对黄河岸线资源类型进行综合划分。如表 2.2 所示，黄河岸线划分为自然生态岸线、农业岸线、村庄岸线、城镇生活岸线、工业岸线、跨河通道岸线、水工设施岸线。其中，自然生态岸线、农业岸线、村庄岸线人类活动对岸线的人工干扰较小或有限，统计为自然岸线类型；城镇生活岸线、工业岸线、跨河通道岸线、水工设施岸线对岸线的人工干扰较大，统计为人工岸线类型（开发岸线类型）。

表 2.2　黄河岸线资源开发利用类型划分

类别	含义
自然生态岸线	岸线及后方陆域一定范围内无港口码头、工业生产、大规模住宅开发建设,水陆交互处于相对自然状态,表现为洲滩湿地、基岩山体、淤泥质、沙砾质、生物质、河口等形态,陆域后方一般为山体、湿地、沙漠等自然原生态状态
农业岸线	岸线及后方陆域一定范围内无港口码头、工业生产,存在大规模农业种植活动,陆域后方一般为耕地等土地利用形态
村庄岸线	岸线及后方陆域一定范围内无港口码头、工业生产,陆域后方存在农村居民点分布
城镇生活岸线	岸线及后方陆域一定范围内存在城镇住宅开发、公共服务设施开发、公园建设等岸线开发活动类型,涉及城镇住宅、公共管理与公共服务等用地类型,主要表现为城镇生活服务功能
工业岸线	岸线及后方陆域一定范围内存在工业生产、矿业开发及直接为工矿生产等服务的附属设施的岸线开发类型,涉及工矿用地类型
跨河通道岸线	跨水域通道岸线,包括桥梁、隧道及其附属设施开发建设岸线
水工设施岸线	主要包括人工修建的闸、坝、水电站等岸线开发类型

2.1.3　岸线遥感解译

　　岸线资源虽然是空间带状的内涵,但是为了便于空间分析和岸线长度统计,一般选择线状作为岸线资源的具体空间分布和统计对象。依据《河湖岸线保护与利用规划编制指南(试行)》,岸线边界线是指沿河流走向或湖泊沿岸周边划定的用于界定各类岸线功能区垂向带区范围的边界线,分为临水边界线和外缘边界线;临水边界线是根据稳定河势、保障河道行洪安全和维护河流湖泊生态等基本要求,在河流沿岸临水一侧顺水流方向或湖泊(水库)沿岸周边临水一侧划定的岸线带区内边界线;外缘边界线是根据河流湖泊岸线管理保护、维护河流功能等管控要求,在河流沿岸陆域一侧或湖泊(水库)沿岸周边陆域一侧划定的岸线带区外边界线。基于黄河岸线及沿岸自然地理、人类活动状况,结合本书数据获取和研究尺度,综合考虑临水边界线和外缘边界线来划定黄河岸线空间分布:对有堤防的河段,岸线选择堤防中心线;对无堤防的河段,若有明显的岸坎线则选择岸坎线,若无明显岸坎线则选择水陆交互线。岸线空间划定主要采用高精度遥感图进行人工勾绘,并对重点岸段进行实地踏勘和验证。

　　在岸线线状数据采集的基础上,采用高精度遥感影像对岸线利用类型进行划分。依据遥感影像的岸线利用类型划定如表 2.3 所示。本书主要基于 ArcGIS 软件进行人工解译,采用 Google 影像,数据源主要反映 2020 年状况,本书所指的黄河岸线为龙羊峡水库以下黄河干流岸线。

表 2.3　黄河岸线资源类型遥感图示

类别	遥感图示 1	遥感图示 2	遥感图示 3
自然生态岸线	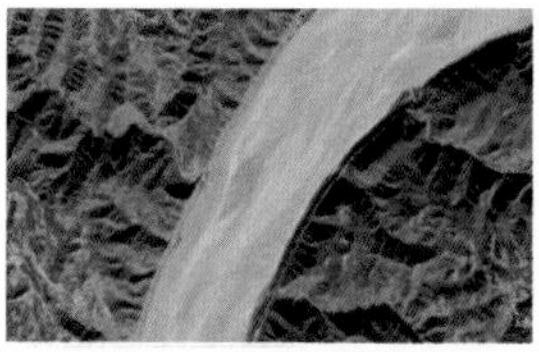	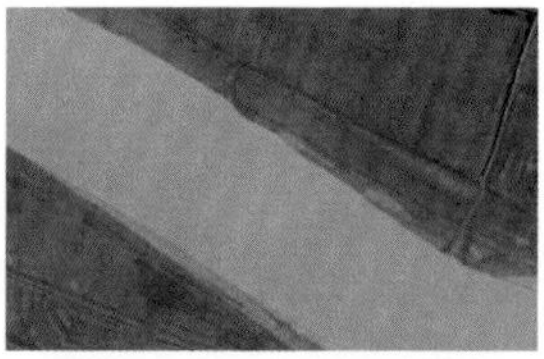	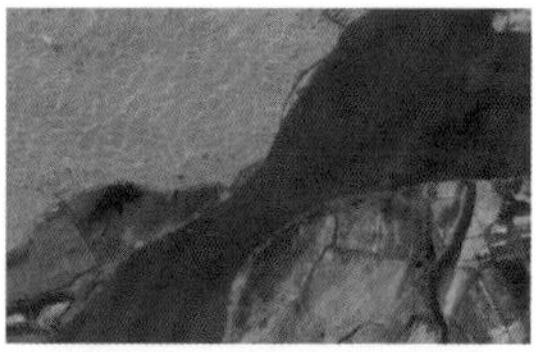
农业岸线			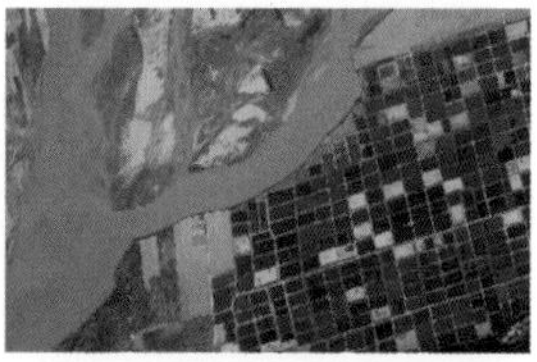
村庄岸线			
城镇生活岸线	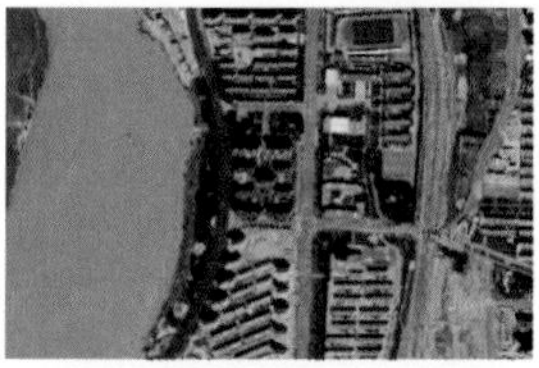		
工业岸线			
跨河通道岸线			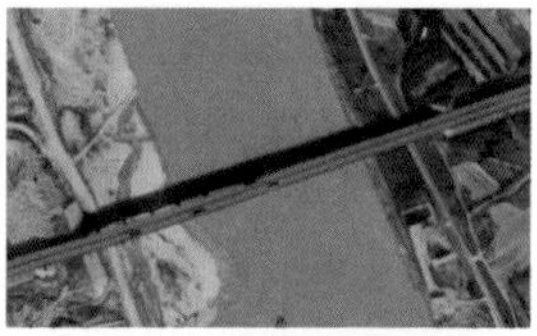
水工设施岸线	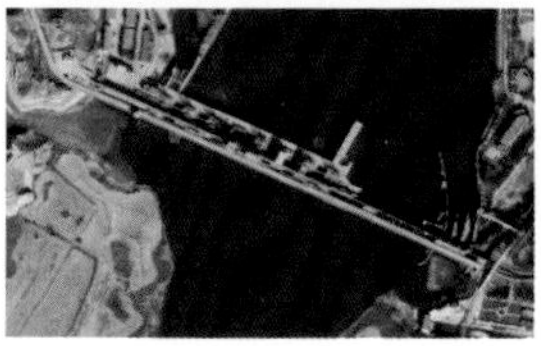		

2.2　岸线资源流域状况

2.2.1　流域整体状况

黄河流经青海、四川、甘肃、宁夏、内蒙古、陕西、山西、河南和山东共 9 个省区，由于本书所指的黄河岸线为龙羊峡水库以下的黄河干流岸线，因此上游部分市县（区）的岸线资源未统计在内，主要涉及位于青海省及四川省的黄河上游部分河段。因此，自龙羊峡水库以下的黄河干流共流经 8 个省级行政区，分别为青海省、甘肃省、宁夏回族自治区、内蒙古自治区、陕西省、山西省、河南省、山东省。

如图 2.1 所示，黄河干流沿岸八省岸线总长 7291.5 km，其中内蒙古自治区黄河岸线最长，为 1405.8 km，占黄河岸线总长的 19.3%；其次为山东省（1034.0 km，14.2%）、河南省（1011.4 km，13.9%）、山西省（995.9 km，13.6%）、甘肃省（923.2 km，12.7%）、陕西省（703.7 km，9.7%）、宁夏回族自治区（701.5 km，9.6%），青海省黄河岸线最短，为 516.0 km，占比 7.1%。

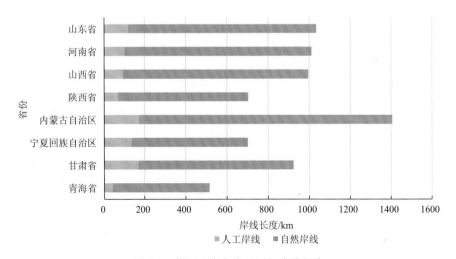

图 2.1　黄河沿岸各省（区）岸线长度

黄河干流自上游流经 40 个地市，岸线资源禀赋差异较大（表 2.4）。其中，鄂尔多斯市黄河岸线最长，为 654.6 km，占黄河岸线总长的 9.0%，其次为白银市（437.2 km，6.0%）、运城市（388.4 km，5.3%）与榆林市（377.0 km，5.2%），济宁市黄河岸线最短，为 30.9 km，占比 0.4%。

表 2.4　黄河沿岸各市岸线长度　　　　　　　　（单位：km）

省份	地市	人工岸线	自然岸线	总计
青海	海南藏族自治州	12.5	162.3	174.8
	黄南藏族自治州	7.5	78.8	86.3
	海东市	20.9	234.0	254.9
甘肃	临夏回族自治州	35.4	204.1	239.5
	兰州市	114.8	131.7	246.5
	白银市	19.0	418.2	437.2
宁夏	中卫市	50.2	224.9	275.1
	吴忠市	31.9	94.1	126.0
	银川市	31.9	120.0	151.9
	石嘴山市	20.7	127.8	148.5
内蒙古	阿拉善盟	6.7	82.4	89.1
	乌海市	48.0	66.5	114.5
	鄂尔多斯市	49.6	605.0	654.6
	巴彦淖尔市	25.8	265.1	290.9
	包头市	22.0	134.4	156.4
	呼和浩特市	21.6	78.7	100.3
陕西	榆林市	23.4	353.6	377.0
	延安市	1.2	157.1	158.3
	渭南市	43.3	125.1	168.4
山西	吕梁市	8.9	277.4	286.3
	忻州市	42.2	114.2	156.4
	临汾市	8.3	156.5	164.8
	运城市	34.9	353.5	388.4
河南	三门峡市	24.3	178.0	202.3
	洛阳市	15.7	99.8	115.5
	济源市	8.6	44.45	53.1
	焦作市	5.3	83.6	88.9
	郑州市	40.8	136.3	177.1
	新乡市	3.8	149.9	153.7
	开封市	0.9	84.3	85.2
	濮阳市	2.1	133.5	135.6
山东	菏泽市	7.5	182.3	189.8
	济宁市	1.0	29.9	30.9
	泰安市	1.6	34.9	36.5
	聊城市	3.0	53.8	56.8

续表

省份	地市	人工岸线	自然岸线	总计
	济南市	54.9	198.0	252.9
	德州市	6.2	53.5	59.7
山东	滨州市	22.2	108.8	131.0
	淄博市	1.5	44.1	45.6
	东营市	20.1	210.7	230.8
	总计	900.2	6391.3	7291.5

以内蒙古托克托县河口村（呼和浩特）与河南荥阳市桃花峪（郑州）为分界点，分上中下游来看，黄河上游各市岸线长度平均值为 229.7 km，中游各市岸线长度平均值为 188.3 km，下游各市岸线长度平均值则为 122.0 km。由此可见，黄河岸线长度总体呈现由上游至下游的降低趋势。

2.2.2 开发利用状况

黄河岸线中，人工岸线总长度为 900.2 km，占比 12.3%。从利用类型来看，人工岸线主要分为城镇生活岸线、工业岸线、桥梁占用岸线、水电站占用岸线（图 2.2）。黄河流域总体人工岸线结构中，城镇生活占比最高，为 6.7%，其次为工业岸线，占比 3.9%，远高于桥梁占用（0.9%）及水电站占用（0.8%）岸线占比。

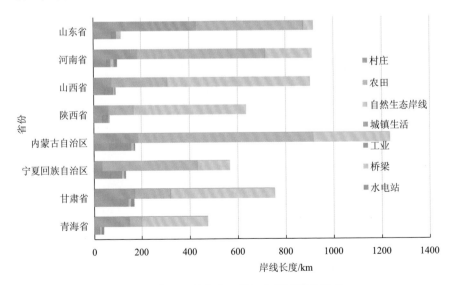

图 2.2 黄河沿岸各省（区）各类型岸线长度

分省（区）来看，各省（区）岸线开发利用率比重不一，其中以宁夏和甘肃最高，占比分别为19.2%与18.3%，青海人工岸线最少，占比为7.95%。内蒙古工业岸线占比最高，为6.5%；其余省份以城镇生活岸线为主，其中甘肃城镇生活岸线占比最高。

由图 2.3 可知，分地市来看，甘肃省兰州市岸线利用率最高，人工岸线占比为 46.6%，其次为内蒙古自治区乌海市，岸线利用率为 41.9%，宁夏回族自治区吴忠市、陕西省渭南市、山西省忻州市三市岸线利用率也均高于 25%；陕西省延安市、河南省开封市岸线利用率最低，以自然岸线为主，占比均约为 99%。由图 2.4 可知，甘肃省兰州市人工岸线长度在沿岸 40 个地市中居于首位，为 114.8 km；

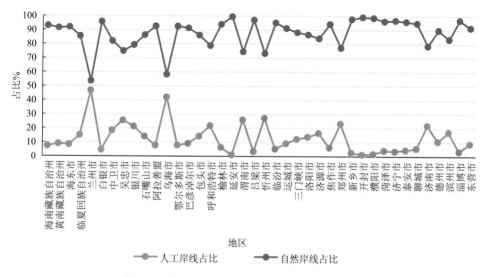

图 2.3　黄河沿岸各市人工岸线及自然岸线占比

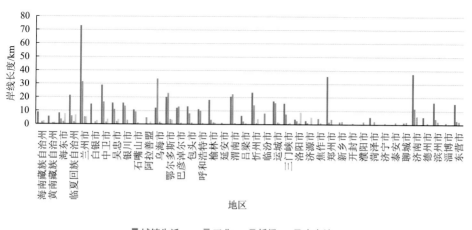

图 2.4　黄河沿岸各市各类型人工岸线长度

最末为延安市，人工岸线长度仅为 1.2 km，岸线开发利用率为 0.76%。大部分沿岸城市岸线利用结构以城镇生活岸线为主，其中兰州城镇生活岸线占比最高（29.6%）；乌海、延安、临汾、焦作等城市工业岸线占比相对较高，其中乌海市工业岸线占比达 29.4%；少数城市如济宁、泰安等桥梁占用岸线占比最高，洛阳、济源等则以水电站占用为主。

从主要岸线资源开发活动分布来看，桥梁占用岸线与水电站占用岸线较低，主要分布于甘肃和河南。城镇生活岸线主要分布在兰州（72.85 km）、济南（37.26 km）和郑州（35.45 km），工业岸线主要分布于乌海（33.67 km）和兰州（31.18 km），桥梁占用岸线主要分布于济南（6.06 km）和兰州（5.51 km），水电站占用岸线则以洛阳市（8.75 km）、海东市（7.52 km）分布最为集中。

从上中下游来看，黄河上游各市岸线利用率平均值为 16.9%，中游各市岸线利用率平均值为 12.3%，下游各市岸线利用率平均值则为 7.3%。由此可见，黄河岸线利用率呈现由上游至下游的降低趋势。

2.2.3　自然岸线保有状况

黄河岸线中，自然岸线总长度为 6391.3 km，占比为 87.7%。分类型来看，自然岸线具体可划分为自然生态岸线、农田岸线、村庄岸线三种类型，其中，自然生态岸线是处于自然状态、少有人工干扰、生态价值突出的岸线，具有重要的价值。黄河流域总体现存自然岸线结构中，农田岸线占比最高，为 35.9%；其次为自然生态岸线，占比 33.8%；村庄岸线占比最低（17.9%）。

分省（区）来看，各省（区）自然岸线保有率均高于 80%，青海、陕西、山西、河南均超过 90%，其中青海省占比最高，为 92.1%；宁夏回族自治区占比最低，为 80.8%。青海、陕西、山西的自然生态岸线占比均高于 50%，分别为 53.2%、66.6% 与 59.5%，宁夏、河南、内蒙古的农田岸线占比均超过 50%，山东的村庄及农田占用岸线较高，分别为 41.6% 与 42.9%。

由图 2.3 可知，分地市来看，各市自然岸线保有率存在差异，延安市自然岸线保有率最高，可达 99.2%，兰州市、乌海市自然岸线保有率则低于 60%。鄂尔多斯市自然岸线长度在沿岸 40 个地市中居于首位，为 605.0 km，自然岸线保有率为 92.4%，但并非为沿岸城市中最高的自然岸线保有率；济宁市自然岸线长度最短，为 29.9 km，但其自然岸线保有率达 96.8%。大部分沿岸城市自然岸线结构以农田占用与村庄占用为主（图 2.5），淄博、菏泽、滨州等城市村庄占用岸线占比较高，其中淄博市村庄占用岸线占比达 68.9%；农田占用岸线比重较高的如石嘴山、焦作，占比分别为 80.7% 与 73.5%；延安、临汾等市自然生态岸线比重相对较高，分别为 95.3% 与 93.6%。

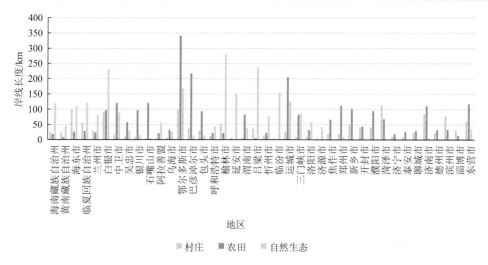

图 2.5　黄河沿岸各市各类型自然岸线长度

分上中下游来看，黄河上游各市自然岸线保有率平均值为 83.4%，中游各市自然岸线保有率平均值为 87.8%，下游各市自然岸线保有率平均值则为 91.8%。黄河岸线自然保有率平均值呈现由上游至下游的增高趋势，这可能与流域地形复杂有关。

2.2.4　沿岸保护地状况

保护地是通过法律及其他有效方式用以保护和维护生物多样性、自然及文化资源的土地或海洋。保护地保护和维护生物多样性、自然及文化资源的功能要求在保护地禁止开展损害保护地的开发活动，在一定程度上制约着周边土地及岸线的开发利用。目前，黄河治理开发与生态保护存在法规不协调等问题。

1. 黄河沿岸自然保护区

表 2.5 为黄河沿岸地区分布的国家级及省级自然保护区。《自然保护区条例》指出"禁止在自然保护区内进行砍伐、放牧、狩猎、捕捞、采药、开垦、烧荒、开矿、采石、挖沙等活动"；"在自然保护区的核心区和缓冲区内，不得建设任何生产设施。在自然保护区的实验区内，不得建设污染环境、破坏资源或者景观的生产设施；建设其他项目，其污染物排放不得超过国家和地方规定的污染物排放标准。在自然保护区的实验区内已经建成的设施，其污染物排放超过国家和地方规定的排放标准的，应当限期治理；造成损害的，必须采取补救措施。在自然保护区的外围保护地带建设的项目，不得损害自然保护区内的环境质量；已造成损害的，应当限期治理。"为了保护自然环境与自然资源，应协调好生态保护与开发

的关系，而不是相互隔离（如长时间禁止放牧会造成草场退化）。目前自然保护区存在与基本农田交叉的问题，河南省自然保护区内有 44.84 万亩基本农田。

表 2.5　黄河沿岸自然保护区（截至 2016 年）

省份	保护区名称	面积/hm²	类型	级别
青海省	循化孟达	17290	森林生态	国家级
甘肃省	黄河石林	3040	地质遗迹	省级
	黄河三峡湿地	19500	内陆湿地	省级
	刘家峡恐龙足迹群	1500	古生物遗迹	省级
	黄河首曲	203401	内陆湿地	国家级
	玛曲青藏高原土著鱼类	27416	野生动物	省级
宁夏回族自治区	青铜峡库区	19573	内陆湿地	省级
	沙坡头	14043	荒漠生态	国家级
内蒙古自治区	南海子湿地	1664	内陆湿地	省级
	杭锦淖尔	88339	内陆湿地	省级
陕西省	陕西黄河湿地	45986	内陆湿地	省级
山西省	运城湿地	86861	内陆湿地	省级
河南省	郑州黄河湿地	37441	内陆湿地	省级
	开封柳园口	16308	内陆湿地	省级
	新乡黄河湿地鸟类	22780	内陆湿地	国家级
	濮阳黄河湿地	3302	内陆湿地	省级
	河南黄河湿地	68000	内陆湿地	国家级
山东省	黄河三角洲	153000	海洋海岸	国家级

2. 黄河沿岸水产种质资源保护区

表 2.6 为黄河干流地区分布的水产种质资源保护区。《水产种质资源保护区管理暂行办法》指出"在水产种质资源保护区内从事修建水利工程、疏浚航道、建闸筑坝、勘探和开采矿产资源、港口建设等工程建设的，或者在水产种质资源保护区外从事可能损害保护区功能的工程建设活动的，应当按照国家有关规定编制建设项目对水产种质资源保护区的影响专题论证报告，并将其纳入环境影响评价报告书"；"禁止在水产种质资源保护区内从事围湖造田、围海造地或围填海工程"；"禁止在水产种质资源保护区内新建排污口"。为了保护水产种质资源，一些可能危害水产种质资源的岸线开发活动受到制约。岸线资源应在保护区不受影响的前提下开发，避免水产种质资源保护区遭到破坏。

表 2.6　黄河沿岸水产种质资源保护区

省份	保护区名称	面积/hm²
青海省	扎陵湖鄂陵湖花斑裸鲤极边扁咽齿鱼国家级水产种质资源保护区	114200
	黄河尖扎段特有鱼类国家级水产种质资源保护区	9732
	黄河贵德段特有鱼类国家级水产种质资源保护区	1149
甘肃省	黄河景泰段特有鱼类国家级水产种质资源保护区	864
	黄河甘肃平川段国家级水产种质资源保护区	821
	黄河白银区段特有鱼类国家级水产种质资源保护区	692
	黄河黑山峡段国家级水产种质资源保护区	4150
	黄河刘家峡兰州鲶国家级水产种质资源保护区	1522
宁夏回族自治区	黄河卫宁段兰州鲶国家级水产种质资源保护区	15400
	黄河青石段大鼻吻鮈国家级水产种质资源保护区	23100
内蒙古自治区	黄河鄂尔多斯段黄河鲶国家级水产种质资源保护区	31466
陕西省	黄河滩中华鳖国家级水产种质资源保护区	3750
	黄河陕西韩城龙门段黄河鲤兰州鲇国家级水产种质资源保护区	4852
	黄河洽川段乌鳢国家级水产种质资源保护区	25800
山西省	圣天湖鲶鱼黄河鲤国家级水产种质资源保护区	2952
河南省	黄河郑州段黄河鲤国家级水产种质资源保护区	24651
山东省	黄河口文蛤国家级水产种质资源保护区	2189
	黄河口半滑舌鳎国家级水产种质资源保护区	10075
青海省、四川省、甘肃省	黄河上游特有鱼类国家级水产种质资源保护区	13289
陕西省、山西省、河南省	黄河中游禹门口至三门峡段国家级水产种质资源保护区	84300
河南省、山东省	黄河鲁豫交界段国家级水产种质资源保护区	10005

注：水产种质资源保护区名录遴选自农业农村部公布的第一批至第十一批国家级水产种质资源保护区，其中第十一批公布时间为 2018 年 11 月。

3. 黄河沿岸饮用水源保护区

黄河沿岸分布着大大小小的饮用水源地（图 2.6），为当地居民提供了生活用水。表 2.7 中是黄河沿岸比较大型的饮用水源地。《饮用水水源保护区污染防治管理规定》指出"跨地区的河流、湖泊、水库、输水渠道，其上游地区不得影响下游饮用水水源保护区对水质标准的要求"；"禁止可能污染水源的旅游活动和其他活动"。饮用水水源保护区的水质影响着居民的健康，为了避免饮用水污染，应严格按照管理规定，合理开发水源保护区周围的岸线。目前，黄河沿岸城市水源地情况不容乐观，沿岸生产生活污水对黄河水质造成不利影响。

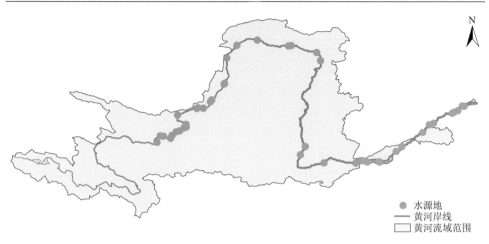

图 2.6　黄河重要饮用水源地分布

表 2.7　黄河饮用水源保护地

省份	城市	水源地名称
青海省	海东市	循化县积石镇黄河水源地
甘肃省	临夏回族自治州	刘家峡水库水源地
		尕西塬水源地
	兰州市	兰州市城市集中生活饮用水地表水水源保护区
	白银市	靖远县城区吴家湾饮用水源地
内蒙古自治区	包头市	黄河磴口水源地
		黄河画匠营子水源地
		黄河昭君坟
	巴彦淖尔市	临河区黄河水厂水源地
	呼和浩特市	呼和浩特市黄河蒲滩拐饮用水水源地
陕西省	榆林市	佳县桃湾水源地保护区
		吴堡白地滩水源地保护区
河南省	三门峡市	黄河三门峡水库地表水饮用水水源保护区
	郑州市	黄河王村地表水饮用水水源保护区
		黄河花园口地表水饮用水水源保护区
		黄河邙山地表水饮用水水源保护区
	开封市	黄河黑岗口地表水饮用水水源保护区
	新乡市	长垣市黄河周营
		黄河原阳中岳地表水饮用水水源保护区
		黄河贾太湖地表水饮用水水源保护区
	濮阳市	西水坡地表水饮用水水源保护区一级保护区
		中原油田彭楼地表水饮用水水源保护区
山东省	济南市	黄河干流饮用水水源保护区

注：黄河饮用水源地保护地名录收集自各省（自治区）、市（自治州）公布的水源地名录，截至 2020 年 7 月。

黄河中下游地区含沙量大,饮用水源地一般采用沉淀池将泥沙沉淀后再处理、供水,如黄河花园口地表水饮用水源保护区(图 2.7)、黄河邙山地表水饮用水源保护区(图 2.8)。

图 2.7　黄河花园口地表水饮用水源保护区

图 2.8　黄河邙山地表水饮用水源保护区

2.3　岸线资源分省(区)状况

2.3.1　青海省

青海省黄河沿岸包括下辖的海南藏族自治州、黄南藏族自治州和海东市三个地市，如图 2.9 和图 2.10 所示。境内黄河干流岸线总长 516.0 km，占黄河干流岸线总长（7291.5 km）的 7.1%，岸线长度居沿岸八省（区）末位。全省已利用黄河岸线总长约 40.9 km，开发利用率为 7.9%，低于流域总体岸线开发利用率（12.3%），同样排在最末。

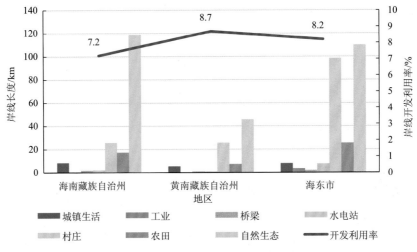

图 2.9　青海省分地市各类岸线长度

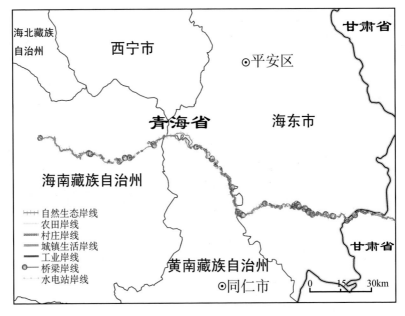

图 2.10　青海省岸线资源利用分布图

从利用结构来看，青海省已利用黄河岸线中，按已利用长度由高到低依次为城镇生活岸线、水电站占用岸线、桥梁占用岸线及工业生产岸线，其长度分别为22.0 km、10.7 km、4.7 km、3.5 km，占已利用岸线的比例分别为53.8%、26.2%、11.5%、8.5%。全省岸线利用类型以城镇等生活性占用为主，工业等生产性占用比例较低，与流域内其他沿岸省（区）相比，水电站及桥梁等基础设施占用比例相对较高。

青海省黄河岸线中，保有自然岸线长度为475.1 km，自然岸线保有率92.1%，高于流域总体水平（87.7%），在沿岸八省（区）中居于首位。现存自然岸线中以自然生态岸线为主，按岸线长度由高到低依次为自然生态岸线、村庄岸线、农田岸线，与流域内其他沿岸省（区）相比，农田岸线长度及占比均为最低，自然生态岸线与村庄岸线占比则相对较高。

分地市来看，青海省境内以海东市岸线长度最长，为254.9 km，占青海省黄河岸线的49.4%，黄南藏族自治州岸线最短，为86.3 km。三市岸线开发利用率差异较小，均在 8%左右。岸线利用结构方面，已开发利用岸线均以城镇生活岸线为主，工业岸线与水电站占用岸线主要分布于海东市。自然岸线中，三市均保有较高比例的自然生态岸线，且主要分布在本市的上游，海东市拥有较多村庄占用岸线。

2.3.2　甘肃省

甘肃省黄河沿岸包括下辖的临夏回族自治州、兰州市、白银市三个地市，如图 2.11 和图 2.12 所示。境内黄河干流岸线总长 923.2 km，占黄河干流岸线总长（7291.5 km）的 12.7%，岸线长度在沿岸八省（区）中为中等水平。全省已利用

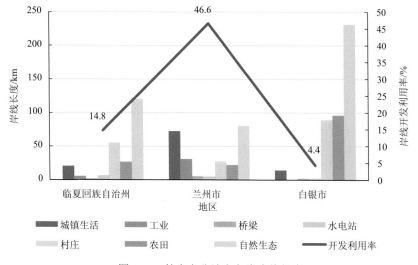

图 2.11　甘肃省分地市各类岸线长度

图 2.12　甘肃省岸线资源利用分布图

黄河岸线总长约 169.2 km，开发利用率为 18.3%，高于流域总体岸线开发利用水平，在八省（区）内排名第二。

从利用结构来看，甘肃省已利用黄河岸线中，按已利用长度由高到低依次为城镇生活岸线、工业生产岸线、水电站占用岸线及桥梁占用岸线，其长度分别为108.5 km、37.1 km、14.4 km、9.2 km，占已利用岸线的比例分别为 64.1%、21.9%、8.5%、5.5%。全省岸线利用类型以城镇等生活性占用为主，与流域内其他沿岸省（区）相比，水电站占用岸线比例偏高。

甘肃省黄河岸线中，保有自然岸线长度为 754.0 km，自然岸线保有率 81.7%，低于流域总体水平，在沿岸八省（区）中排名偏后。现存自然岸线中以自然生态岸线为主，按岸线长度由高到低依次为自然生态岸线、村庄岸线、农田岸线，与流域内其他沿岸省（区）相比，甘肃省农田岸线长度及占比均为最低，自然生态岸线与村庄岸线占比则相对偏高。

分地市来看，甘肃省境内以白银市岸线长度最长，为 437.2 km，占甘肃省黄河岸线的 47.4%，临夏回族自治州与兰州市的岸线总量相近。三市岸线开发利用率差异较大，其中兰州市岸线开发利用率达 46.6%，而其余两市均不足 15%。岸线利用结构方面，已开发利用岸线均以城镇生活岸线为主，工业岸线与桥梁占用岸线主要分布于兰州市，水电站占用岸线主要分布于临夏回族自治州与兰州市。自然岸线中，三市均保有较高比例的自然生态岸线，且主要分布在本市的中游，白银市拥有较多农田占用岸线。

2.3.3　宁夏回族自治区

宁夏回族自治区黄河沿岸包括下辖的中卫市、吴忠市、银川市和石嘴山市四个地市，如图 2.13 和图 2.14 所示。境内黄河干流岸线总长 701.5 km，占黄河干流岸线总长（7291.5 km）的 9.6%，岸线长度在沿岸八省（区）中排名靠后。全自治区已利用黄河岸线总长约 134.7 km，开发利用率在沿岸八省（区）中排名第一，为 19.2%。

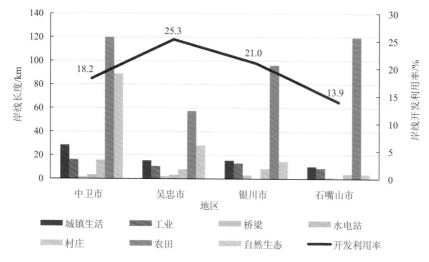

图 2.13　宁夏回族自治区分地市各类岸线长度

从利用结构来看，宁夏回族自治区已利用黄河岸线中，按已利用长度由高到低依次为城镇生活岸线、工业生产岸线、桥梁占用岸线及水电站占用岸线，其长度分别为 70.2 km、49.5 km、8.0 km、7.0 km，占已利用岸线的比例分别为 52.1%、36.8%、5.9%、5.2%。全自治区岸线利用以城镇生活与工业占用为主，岸线利用结构与流域总体利用结构有一定相似性。

宁夏回族自治区黄河岸线中，保有自然岸线长度为 566.8 km，自然岸线保有率 80.8%，低于流域总体水平，在沿岸八省（区）中居于末位。现存自然岸线中以农田岸线为主，按岸线长度由高到低依次为农田岸线、自然生态岸线、村庄岸线，与流域内其他沿岸省（区）相比，农田岸线占比居于首位，自然生态岸线与村庄岸线占比则偏低。

分地市来看，宁夏回族自治区境内以中卫市岸线长度最长，为 275.1 km，占宁夏回族自治区黄河岸线的 39.2%，其余三市岸线总量相近，均约为 150 km。四市岸线开发利用率差异不大，其中吴忠市岸线开发利用率最高，为 25.3%，石嘴

图 2.14　宁夏回族自治区岸线资源利用分布图

山市岸线开发利用率（13.9%）相对最低。岸线利用结构方面，已开发利用岸线均以城镇生活岸线为主，水电站占用岸线主要分布于中卫市和吴忠市。自然岸线中，四市均分布有较高比例的农田占用岸线，尤其是中卫市与石嘴山市，自然生态岸线则主要分布于中卫市。

2.3.4　内蒙古自治区

内蒙古自治区黄河沿岸包括下辖的阿拉善盟、乌海市、鄂尔多斯市、巴彦淖尔市、包头市及呼和浩特市六个地市，如图 2.15 和图 2.16 所示。境内黄河干流岸线总长 1405.8 km，占黄河干流岸线总长（7291.5 km）的 19.3%，岸线长度在沿岸八省（区）中居于首位。全自治区已利用黄河岸线总长约 173.7 km，开发利用率为 12.4%，略高于流域总体岸线开发利用水平，处于前列。

从利用结构来看，内蒙古自治区已利用黄河岸线中，按已利用长度由高到低依次为工业生产岸线、城镇生活岸线、桥梁占用岸线及水电站占用岸线，其长度分别为 91.7 km、67.6 km、9.0 km、5.4 km，占已利用岸线的比例分别为 52.8%、38.9%、5.2%、3.1%。全自治区岸线利用以工业生产性占用为主，且占比明显高于流域内其他沿岸省（区），水电站及桥梁等基础设施占用比例相对较低。

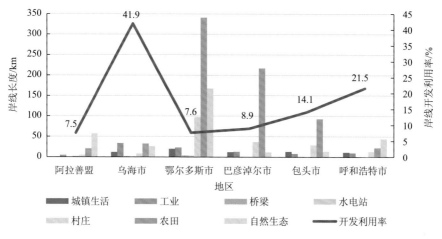

图 2.15　内蒙古自治区分地市各类岸线长度

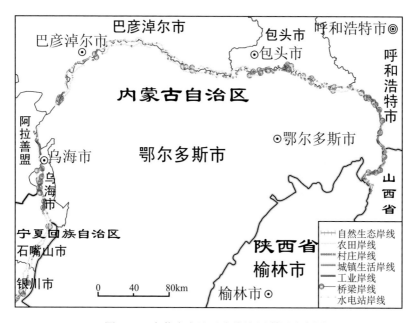

图 2.16　内蒙古自治区岸线资源利用分布图

内蒙古自治区黄河岸线中，保有沿岸八省（区）长度最长的自然岸线，为1232.1 km，自然岸线保有率 87.6%，与流域总体水平基本持平，在沿岸八省（区）中排名偏后。现存自然岸线以农田岸线为主，按岸线长度由高到低依次为农田岸线、自然生态岸线、村庄岸线，与流域内其他沿岸省（区）相比拥有最长的农田岸线，占比处于前列，自然生态岸线与村庄岸线占比低于流域总体水平。

分地市来看，内蒙古自治区境内以鄂尔多斯市岸线长度最长，为 654.6 km，占内蒙古自治区黄河岸线的 46.6%，其次为巴彦淖尔市，占比为 20.7%，其余四市岸线总量相差不大。六市岸线开发利用率具有显著差异，其中乌海市岸线开发利用率最高，为 41.9%，阿拉善盟与鄂尔多斯市岸线开发利用率相对最低。岸线利用结构方面，乌海市、阿拉善盟、鄂尔多斯市及巴彦淖尔市已开发利用岸线以工业岸线为主，包头市与呼和浩特市则以城镇生活为主，水电站占用岸线与桥梁占用岸线主要分布于鄂尔多斯市。自然岸线中，鄂尔多斯市、巴彦淖尔市、包头市及乌海市四市均以农田岸线为主，尤其是鄂尔多斯市与巴彦淖尔市，自然生态岸线则主要分布于鄂尔多斯市、阿拉善盟与呼和浩特市。

2.3.5　陕西省

陕西省黄河沿岸包括下辖的榆林市、延安市和渭南市三个地市，如图 2.17 和图 2.18 所示。境内黄河干流岸线总长 703.7 km，占黄河干流岸线总长（7291.5 km）的 9.7%，岸线长度在沿岸八省（区）中排名偏后。全省已利用黄河岸线总长约 67.9 km，岸线开发利用率不高，为 9.6%。

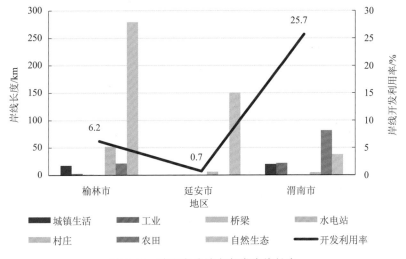

图 2.17　陕西省分地市各类岸线长度

从利用结构来看，陕西省已利用黄河岸线中，按已利用长度由高到低依次为城镇生活岸线、工业生产岸线、桥梁占用岸线及水电站占用岸线，其长度分别为 38.1 km、26.1 km、2.8 km、0.9 km，占已利用岸线的比例分别为 56.1%、38.5%、4.1%、1.3%。全省岸线利用以城镇生活与工业占用为主，占比高于流域总体利用水平，水电站及桥梁等基础设施占用比例相对较低。

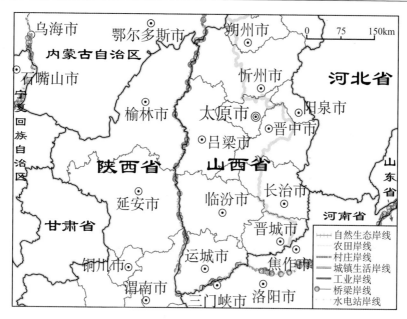

图 2.18　陕西省岸线资源利用分布图

陕西省黄河岸线中，保有自然岸线长度为 635.8 km，自然岸线保有率 90.4%，高于流域总体水平，在沿岸八省（区）中处于前列。现存自然岸线中以自然生态岸线为主，按岸线长度由高到低依次为自然生态岸线、农田岸线、村庄岸线，与流域内其他沿岸省（区）相比，自然生态岸线占比最高，农田岸线与村庄岸线长度及占比均低于流域总体水平。

分地市来看，陕西省境内以榆林市岸线长度最长，为 377.0 km，占陕西省黄河岸线的 53.6%，其余两市岸线总量相差不大。三市岸线开发利用率具有显著差异，其中渭南市岸线开发利用率最高，为 25.7%，延安市岸线开发利用率（0.8%）最低。岸线利用结构方面，延安市已开发利用岸线以工业岸线为主，渭南市以工业与城镇生活岸线为主，榆林市则以城镇生活岸线为主导并集中了省内主要的水电站占用岸线与桥梁占用岸线。自然岸线中，渭南市以农田岸线为主，村庄岸线主要分布于榆林市，自然生态岸线则主要集中于榆林市与延安市。

2.3.6　山西省

山西省黄河沿岸包括下辖的吕梁市、忻州市、临汾市及运城市四个地市，如图 2.19 和图 2.20 所示。境内黄河干流岸线总长 995.9 km，占黄河干流岸线总长（7291.5 km）的 13.7%，岸线长度在沿岸八省（区）中为中等水平。全省已利用黄河岸线总长约 94.3 km，开发利用率较低，为 9.5%。

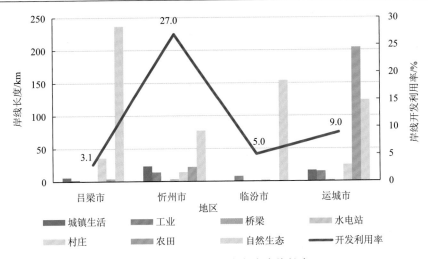

图 2.19　山西省分地市各类岸线长度

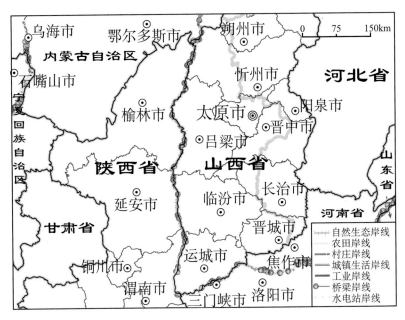

图 2.20　山西省岸线资源利用分布图

　　从利用结构来看，山西省已利用黄河岸线中，按已利用长度由高到低依次为城镇生活岸线、工业生产岸线、水电站占用岸线及桥梁占用岸线，其长度分别为46.4 km、39.6 km、4.5 km、3.8 km，占已利用岸线的比例分别为49.2%、42.0%、4.8%、4.0%。全省岸线利用以城镇生活与工业占用为主且比例较为接近，与流域内其他沿岸省（区）相比工业占用比例偏高，水电站及桥梁等基础设施占用比例相对较低。

山西省黄河岸线中，保有自然岸线长度为 901.6 km，自然岸线保有率 90.5%，高于流域总体水平，在沿岸八省（区）中处于前列。现存自然岸线以自然生态岸线为主，按岸线长度由高到低依次为自然生态岸线、农田岸线、村庄岸线，与流域内其他沿岸省（区）相比，自然生态岸线长度及占比最高，村庄岸线长度及占比相对较低。

分地市来看，山西省境内以运城市岸线长度最长，为 388.4 km，占山西省黄河岸线的 39.0%，其次为吕梁市（286.3 km），岸线长度占比 28.7%，其余两市岸线总量相差较小。四市岸线开发利用率具有显著差异，其中忻州市岸线开发利用率最高，为 27.0%，其余三市岸线开发利用率均在 10% 以下，吕梁市岸线开发利用率（3.1%）最低。岸线利用结构方面，忻州市与吕梁市开发利用岸线以城镇生活为主，临汾市以工业岸线为主，运城市则以城镇生活岸线与工业岸线为主，省内水电站占用岸线主要分布于忻州市。自然岸线中，除运城市以农田岸线为主之外，其余三市自然岸线结构均以自然生态岸线为主。

2.3.7　河南省

河南省黄河沿岸包括下辖的三门峡市、洛阳市、济源市、焦作市、郑州市、新乡市、开封市及濮阳市八个地市，如图 2.21 和图 2.22 所示。境内黄河干流岸线总长 1011.4 km，占黄河干流岸线总长（7291.5 km）的 13.9%，岸线长度在沿岸八省（区）中排名靠前。全省已利用黄河岸线总长约 101.5 km，岸线开发利用率偏低，为 10.0%。

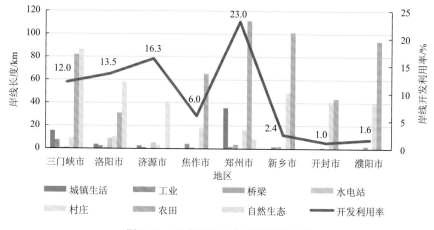

图 2.21　河南省分地市各类岸线长度

图 2.22　河南省岸线资源利用分布图

从利用结构来看，河南省已利用黄河岸线中，按已利用长度由高到低依次为城镇生活岸线、工业生产岸线、水电站占用岸线及桥梁占用岸线，其长度分别为56.7 km、17.8 km、14.8 km、12.2 km，占已利用岸线的比例分别为55.9%、17.5%、14.6%、12.0%。全省岸线利用以城镇生活性占用为主，工业等生产性占用比例偏低，与流域内其他沿岸省（区）相比，水电站及桥梁等基础设施占用比例相对较高。

河南省黄河岸线中，保有自然岸线长度为909.9 km，自然岸线保有率90.0%，高于流域总体水平，在沿岸八省（区）中处于前列。现存自然岸线中以农田岸线为主，按岸线长度由高到低依次为农田岸线、自然生态岸线、村庄岸线，与流域内其他沿岸省（区）相比，农田岸线长度及占比处于前列，自然生态岸线长度及占比不高，村庄岸线占比与流域总体水平持平。

分地市来看，河南省境内以三门峡市岸线长度最长，为202.3 km，占河南省黄河岸线的20.0%，其次为郑州市（177.1 km）和新乡市（153.7 km），岸线长度占比分别为17.5%与15.2%，济源市岸线总量最小，仅占全省岸线的5.3%。八市岸线开发利用率具有显著差异，其中郑州市岸线开发利用率最高，为23.0%，济源市、洛阳市与三门峡市开发利用率相近，约为15%，其余四市岸线开发利用率均在7%以下，开封市岸线开发利用率（1.0%）最低。岸线利用结构方面，三门峡市、济源市与郑州市开发利用岸线以城镇生活为主，洛阳市以城镇生活岸线与工业岸线为主，焦作市则以工业岸线为主，省内水电站占用岸线主要分布于洛阳市与济源市，桥梁占用岸线主要分布于郑州市与新乡市。自然岸线中，自然生态岸线主要分布于三门峡市、洛阳市与济源市，焦作市、郑州市、新乡市及濮阳市自然岸线结构以农田岸线为主，村庄岸线则主要分布于新乡市、开封市与濮阳市。

2.3.8　山东省

山东省黄河沿岸包括下辖的菏泽市、济宁市、泰安市、聊城市、济南市、德州市、滨州市、淄博市及东营市九个地市，如图 2.23 和图 2.24 所示。境内黄河干流岸线总长 1034.0 km，占黄河干流岸线总长（7291.5 km）的 14.2%，岸线长度在沿岸八省（区）中居于前列。全省已利用黄河岸线总长约 118.0 km，开发利用率为 11.4%，低于流域总体岸线开发利用水平。

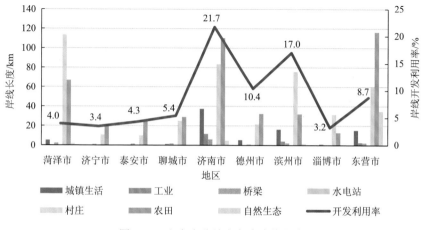

图 2.23　山东省分地市各类岸线长度

从利用结构来看，山东省已利用黄河岸线中，按已利用长度由高到低依次为城镇生活岸线、工业生产岸线、桥梁占用岸线及水电站占用岸线，其长度分别为78.8 km、20.2 km、19.0 km、0 km，占已利用岸线的比例分别为 66.8%、17.1%、16.1%、0%。全省岸线利用以城镇生活性占用为主，占比高于流域总体利用水平，与流域内其他沿岸省（区）相比，桥梁占用比例相对较高，水电站占用比例则为最低。

山东省黄河岸线中，保有自然岸线长度为 916.0 km，自然岸线保有率 88.6%，高于流域总体水平。现存自然岸线中以农田岸线为主，按岸线长度由高到低依次为农田岸线、村庄岸线、自然生态岸线，其中农田岸线与村庄岸线长度及占比基本持平，与流域内其他沿岸省（区）相比，村庄岸线长度及占比居于首位，而自然生态岸线长度及占比处于末位。

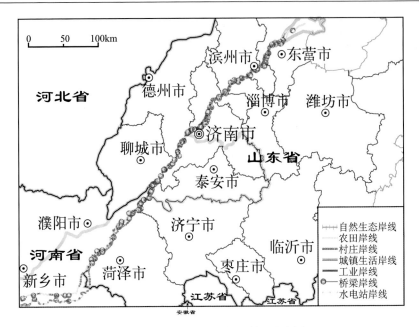

图 2.24　山东省岸线资源利用分布图

　　分地市来看，山东省境内以济南市岸线长度最长，为 252.9 km，占山东省黄河岸线的 24.5%，其次为东营市（230.8 km）和菏泽市（189.8 km），岸线长度占比分别为 22.3% 与 18.4%，济宁市岸线总量（30.9 km）最小，仅占全省岸线的 3.0%。九市岸线开发利用率具有显著差异，其中济南市岸线开发利用率最高，为 21.7%，滨州市开发利用率为 17.0%，德州市与东营市开发利用率相近，约为 10%，其余五市岸线开发利用率均在 6% 以下，淄博市岸线开发利用率（3.2%）最低。岸线利用结构方面，省内多数城市开发利用岸线以城镇生活为主，包括菏泽市、济南市、德州市、滨州市与东营市，省内无水电站占用岸线，工业岸线与桥梁占用岸线主要分布于济南市。自然岸线中，自然生态岸线较少且主要分布于处在黄河三角洲的东营市，济南市、泰安市与东营市自然岸线结构以农田岸线为主，村庄岸线则主要分布于菏泽市、济南市与滨州市。

2.4　重点城市岸线资源状况

2.4.1　兰州市

　　兰州市位于甘肃省中部，是甘肃省省会，是西部地区重要的中心城市之一，也是丝绸之路经济带的重要节点城市，地处于大西北的"十字路口"，有着承东启西、联南济北的重要作用。兰州素有"黄河明珠"的美誉，早在 5000 年前，就有人类在此繁衍生息。公元前 86 年，今兰州始置金城县，属天水郡管辖。据记载，因初次在此筑城时曾挖出金子，故取名为金城，又或是因为"金城汤池"的典故，而取名为金城。黄河横穿全境，自西南流向东北（图 2.25）。境内黄河干流岸线总长 246.5 km，占黄河干流岸线总长（7291.5 km）的 3.4%，岸线长度在省内沿岸三市中位于第二位。全市已利用黄河岸线总长约 114.8 km，开发利用率为 46.6%，高于全省总体岸线开发利用水平。

图 2.25　兰州市岸线资源利用分布图

从利用结构来看，兰州市已利用黄河岸线中，按长度排序，由高到低依次为城镇生活岸线、工业生产岸线、桥梁占用岸线及水电站占用岸线，其长度分别为 72.8 km、31.2 km、5.5 km、5.3 km，占全市岸线的比例分别为 29.5%、12.7%、2.2%、2.2%。全市岸线利用以城镇生活性占用为主，主要分布于中段，与省内其他沿岸城市相比，其占比高于省内总体利用水平，工业岸线及桥梁占用比例相对较高，其中工业岸线主要分布于黄河南岸。

兰州市黄河岸线中，保有自然岸线长度为 131.7 km，自然岸线保有率 53.4%，低于流域内及省内总体水平。现存自然岸线中以自然生态岸线为主，主要分布于城市下游地区。按岸线长度，由高到低依次为自然生态岸线、村庄岸线、农田岸线，其中农田岸线与村庄岸线长度及占比较为持平，并主要分布在城市上游及下游。与省内其他沿岸城市相比，兰州市自然岸线中各类岸线的长度及占比均处于末位。

2.4.2 银川市

银川市位于宁夏平原中部，是宁夏回族自治区首府，也是西北地区重要的中心城市之一。黄河位于市区东部，贯穿全境，自西南流向东北（图2.26）。历史上由于黄河不断改道，湖泊湿地众多，古有"七十二连湖"之说，现有"塞上湖城"之美称。境内黄河干流岸线总长151.9 km，占黄河干流岸线总长（7291.5 km）的2.1%，岸线长度在自治区内沿岸四市中位于第二位。全市已利用黄河岸线总长约31.9 km，开发利用率为21.0%，略高于全自治区总体岸线开发利用水平。

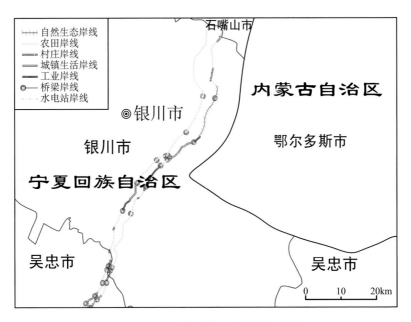

图2.26 银川市岸线资源利用分布图

从利用结构来看，银川市已利用黄河岸线中，按长度排序，由高到低依次为城镇生活岸线、工业生产岸线、桥梁占用岸线，其长度分别为15.5 km、13.3 km、3.1 km，占全市岸线的比例分别为10.2%、8.8%、2.0%。全市岸线利用以城镇生活性占用与工业生产性占用为主，主要分布于中段，与自治区内其他沿岸城市相比，其占比高于自治区内总体利用水平，工业岸线及桥梁占用比例也相对较高。

银川市黄河岸线中，保有自然岸线长度为120.0 km，自然岸线保有率79.0%，低于流域内及自治区内总体水平。现存自然岸线中以农田岸线为主，在河段的上中下游沿岸均有连续分布。按岸线长度，由高到低依次为农田岸线、自然生态岸线、村庄岸线，其中自然生态岸线与村庄岸线主要分布于城市下游东岸。与自治区内其他沿岸城市相比，银川市自然生态岸线的长度较短，占比较低。

2.4.3 包头市

包头市地处内蒙古自治区西部、内蒙古高原中部，南濒黄河，是内蒙古自治区辖地级市，是中国重要的工业基地之一，以冶金、稀土、机械工业为主。黄河流经包头的地段是原始人类较早活动的地方，蕴藏着大量的古人类文化遗迹，史前历史可追溯到 6000 多年前的新石器时代。黄河位于包头市区南部，自西向东贯穿全境（图 2.27）。境内黄河干流岸线总长 156.4 km，占黄河干流岸线总长（7291.5 km）的 2.1%，岸线长度在自治区内沿岸六市中位于第三位。全市已利用黄河岸线总长约 22.0 km，开发利用率为 14.1%，低于全自治区总体岸线开发利用水平。

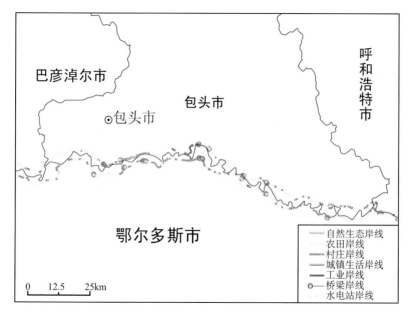

图 2.27 包头市岸线资源利用分布图

从利用结构来看，包头市已利用黄河岸线中，按长度排序，由高到低依次为城镇生活岸线、工业生产岸线、桥梁占用岸线，其长度分别为 13.0 km、7.8 km、1.2 km，占全市岸线的比例分别为 8.3%、5.0%、0.8%。全市岸线利用以城镇生活性占用与工业生产性占用为主，主要分布于中段河流北岸，与自治区内其他沿岸城市相比，其占比低于自治区内总体利用水平，尤其是工业岸线占用比例相对较低。

包头市黄河岸线中，保有自然岸线长度为 134.4 km，自然岸线保有率 85.9%，略低于流域内总体水平，但高于自治区内总体水平。现存自然岸线中以农田岸线为主，在河段两岸均有连续分布。按岸线长度，由高到低依次为农田岸线、自然生态岸线、村庄岸线，其中村庄岸线零散分布于河段沿岸。与自治区内其他沿岸城市相比，包头市自然生态岸线的长度较短，占比较低。

2.4.4 郑州市

郑州市地处河南省中北部，是河南省省会城市、特大城市、中原城市群核心城市，也是建设中的国家中心城市。郑州是华夏文明的重要发祥地、国家历史文化名城，是中国八大古都之一，古称"商都"，今谓"绿城"。处于黄河中、下游分界处，既是黄土高原终点，也是黄河地上"悬河"的起点。黄河位于郑州市区北部，自西向东贯穿全境（图 2.28），在郑州市境内的支流有伊洛河、汜水河和枯河。黄河郑州段优越的地理位置和农耕条件，为早期人类文明的发展与绵延奠定了基础，沿岸分布诸多风景名胜并拥有深厚的文化底蕴，是海内外炎黄子孙前来寻根拜祖的圣地。郑州市境内黄河干流岸线总长 177.1 km，占黄河干流岸线总长（7291.5 km）的 2.4%，岸线长度在省内沿岸八市中位于第二位。全市已利用黄河岸线总长约 40.8 km，开发利用率为 23.0%，高于全省总体岸线开发利用水平并位列首位。

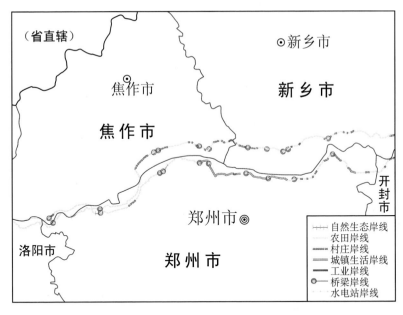

图 2.28　郑州市岸线资源利用分布图

从利用结构来看，郑州市已利用黄河岸线中，按已利用长度由高到低依次为城镇生活岸线、桥梁占用岸线、工业生产岸线，其长度分别为 35.5 km、3.8 km、1.5 km，占全市岸线的比例分别为 20.0%、2.1%、0.8%。全市岸线利用以城镇生活性占用为主，主要分布于中段河流南岸，与省内其他沿岸城市相比，其占比高于省内总体利用水平，且桥梁岸线占用比例相对较高。

郑州市黄河岸线中，保有自然岸线长度为 136.3 km，自然岸线保有率 77.0%，低于流域内及省内总体水平。现存自然岸线中以农田岸线为主，在河段两岸均有连续分布。按岸线长度，由高到低依次为农田岸线、村庄岸线、自然生态岸线，其中村庄岸线零散分布于河段两岸。与省内其他沿岸城市相比，郑州市自然生态岸线的长度较短，占比较低。

2.4.5　济南市

济南市地处华北平原东南部边缘，是山东省省会城市、特大城市、济南都市圈核心城市。历史上，黄河中下游河道改道频繁，1855 年黄河在河南省铜瓦厢决口，夺大清河至利津入渤海。自此，济南城北的大清河变为黄河，结束了黄河近 700 年南下夺淮入海的局面。此段河道自古至今先后为济水、大清河、黄河所流经，堪称"三河古道"。自流入河南开始，到济南泺口段，黄河河床高出南岸城区地面 5 m，最大洪水位高出河床 11.62 m，形成水量巨大的地上"悬河"。"善淤、善决、善徙"的黄河，使山东沿黄人民深受水灾之苦，人们在长期的治水过程中积累了丰富的黄河治理智慧和经验，黄河济南段的治理也是黄河综合治理的开端。黄河自西南向东北流经济南（图 2.29），境内黄河干流岸线总长 252.9 km，占黄河干流岸线总长（7291.5 km）的 3.5%，岸线长度在省内沿岸九市中为首位。全市已利用黄河岸线总长约 54.9 km，开发利用率为 21.7%，高于全省总体岸线开发利用水平并居于首位。

图 2.29　济南市岸线资源利用分布图

从利用结构来看，济南市已利用黄河岸线中，按长度排序，由高到低依次为城镇生活岸线、工业生产岸线、桥梁占用岸线，其长度分别为 37.3 km、11.5 km、6.1 km，占全市岸线的比例分别为 14.7%、4.5%、2.4%。全市岸线利用以城镇生活性占用为主，主要分布于下游河段，与省内其他沿岸城市相比，其占比高于省内总体利用水平，工业生产岸线占用比例也相对较高。

济南市黄河岸线中，保有自然岸线长度为 198.0 km，自然岸线保有率 78.3%，低于流域内及省内总体水平。现存自然岸线中以农田岸线为主，在河段两岸均有分布。按岸线长度，由高到低依次为农田岸线、村庄岸线、自然生态岸线，其中村庄岸线断续分布于河段两岸。与省内其他沿岸城市相比，济南市有自然生态岸线分布，但长度较短。

第3章 黄河岸线生态系统服务功能

3.1 生态系统服务估算方法

综合集成多源遥感和 GIS 技术、CASA（Carnegie-Ames-Stanford approach）模型、RUSLE（revised universal soil loss equation）模型、InVEST（integrated valuation of environmental services and tradeoffs）模型，模拟评估黄河流域 5 km 岸线范围内固碳、土壤保持、水源涵养和生物多样性维持 4 类重要生态系统服务在 2000～2016 年的时空变化格局，定量甄别土地利用变化、气候波动等因素对 4 类生态系统服务的影响程度。

3.1.1 固碳

净初级生产力（net primary productivity, NPP）是指单位时间内生物通过光合作用所吸收的碳除植物自身呼吸的碳损耗所剩的部分，是陆地生态系统固碳的关键表征指标。目前公开发表的约 40 多个生态模型被广泛应用于评价和预测陆地生态系统碳循环的时空变化格局，其中颇具代表性的模型包括 TEM、CENTURY、CASA 和 Biome-BGC 等。现有的大多数模型主要适用于全球或大尺度区域生态系统碳循环研究，少数几个模型适用于较精细空间尺度上的区域碳循环模拟。已有相关模型的应用研究表明，利用模型模拟土地利用与土地覆盖变化（land use and land cover change，LUCC）对固碳影响还存在较大的不确定性，主要受以下两方面影响：①LUCC 对生态系统碳循环影响机理非常复杂，利用模型表征碳循环过程时往往进行概化，导致模型模拟的不确定性；②环境背景条件区域性差异较大，野外观测体系的缺乏，表征区域特征的环境条件参数与数据比较缺乏，造成模型参数率定与适用范围的不确定性。

在黄河流域已开展了一系列 NPP 时空变化评估研究，验证了 CASA 模型在黄河流域的适用性。刘洁等（2019）利用 2000～2016 年甘南地面实测草地地上生物量数据和根冠比系数计算的草地 NPP 数据，验证了 MOD17A3 NPP 产品和基于 CASA 模型估算的草地 NPP 的精度，得出基于 CASA 模型模拟的草地 NPP 精度整体上高于 MOD17A3 NPP 产品的精度；田智慧等（2019）研究了 2000～2015 年黄河流域植被 NPP 的时空特征及变化趋势，阐明了植被 NPP 与气候因子（气温、降水）、土地利用/覆盖类型、区域环境因子（海拔、坡度、坡向、土壤类型）的响应关系；张振东和常军（2021）综合利用 CASA-VPM 模型对黄河流域植被 NPP 进行反演，构建了生态经济协调耦合度模型，定量分析了黄河流域生态经济协调耦合程度；朱莹莹（2019）分析了黄河流域 1992～2015 年植被 NPP 的时空变化，验证了 CASA 模型和 BP 神经网络模型对黄河流域植被 NPP 估算的可行性；陈强等（2014）利用 CASA 模型估算了黄河流域 2001～2010 年 6 种生态系统类型区域植被 NPP 的变化趋势；Ma 等（2019）对黄河三角洲沿海蓝色碳储存进行了估算。

本书利用 CASA 生态模型模拟评估黄河 5 km 岸线范围内 2000～2016 年净初级生产力（NPP）的时空变化格局。CASA 模型为一典型的光能利用率模型，由 Potter 等于 1993 年提出，包含 NPP 模拟子模型、土壤水分子模型和土壤碳-氮循环子模型三个模块，相比其他模型具有所需输入参数少、采用的遥感数据覆盖范围广、时间分辨率高等优点，现已成为国际上 NPP 估算应用最为广泛的模型之一。CASA 模型的主要计算方程见式（3-1）～式（3-6）：

$$\mathrm{NPP}(x,t) = \mathrm{APAR}(x,t) \times \varepsilon(x,t) \tag{3-1}$$

$$\mathrm{APAR}(x,t) = \mathrm{FPAR}(x,t) \times \mathrm{SOL}(x,t) \times 0.5 \tag{3-2}$$

$$\varepsilon(x,t) = T_{\varepsilon 1}(x,t) \times T_{\varepsilon 2}(x,t) \times W_{\varepsilon}(x,t) \times \varepsilon^* \tag{3-3}$$

$$T_{\varepsilon 1}(x,t) = 0.8 + 0.02 \times T_{\mathrm{opt}}(x,t) - 0.0005 \times T_{\mathrm{opt}}(x,t) \tag{3-4}$$

$$T_{\varepsilon 2}(x,t) = \frac{1.1814}{\dfrac{1 + \exp(0.2 \times T_{\mathrm{opt}}(x) - 10.0 - T(x,t))}{1 + \exp(0.3 \times (-T_{\mathrm{opt}}(x) - 10.0 + T(x,t)))}} \tag{3-5}$$

$$W_{\varepsilon}(x,t) = 0.5 + 0.5 \times \mathrm{EET}(x,t) / \mathrm{PET}(x,t) \tag{3-6}$$

式中，x 表示空间位置；t 表示时间；APAR 为光合有效辐射；ε 为实际光能利用率；FPAR 为植被冠层对入射光合有效辐射的吸收比例；SOL 为太阳总辐射量（MJ/m^2）；常数 0.5 表示植被所能利用的太阳有效辐射（波长为 0.4～0.7 μm）占太阳总辐射的比例；$T_{\varepsilon 1}$ 和 $T_{\varepsilon 2}$ 为温度胁迫系数，$T_{\varepsilon 1}$ 表示在低温和高温时植物内在的生化作用对光合作用的胁迫影响，$T_{\varepsilon 2}$ 表示环境温度从最适宜温度 $T_{\mathrm{opt}}(x)$ 向高温和低温变化时植物的光能转化率逐渐变小的趋势；ε^* 为理想条件下的最大光能利用率（默认值为 0.389 g C/MJ）；W_{ε} 为水分胁迫系数，反映植物所能利用的有效水分条件对光能转化利用率的影响；EET 和 PET 分别为潜在蒸散和实际蒸散。本研究利用 NASA/MOD15 产品算法中的 NDVI-FPAR 查找表，线性回归拟合典型植被类型光合有效辐射比率（FPAR）与归一化植被指数（NDVI）之间的关系，替换原模型中的相关算法；最大光能利用率参数采用全国常绿阔叶林、落叶阔叶林、常绿针叶林、落叶针叶林、混交林和草地的最大光能利用率的均值。

3.1.2　土壤保持

土壤保持是生态系统（如森林、草地等）通过其结构与过程减少水蚀所导致的土壤侵蚀的作用，是生态系统提供的重要调节服务之一（Ausseil et al.，2013）。土壤保持服务通常以土壤保持量作为表征指标，即潜在土壤侵蚀量与实际土壤侵蚀量的差值，将其作为生态系统土壤保持功能的评估指标。潜在土壤侵蚀量指生态系统在没有植被覆盖和水土保持措施情况下的土壤侵蚀量，实际土壤侵蚀量考虑植被覆盖和水土保持因素（Liu et al.，2020）。土壤侵蚀量的计算通常使用土壤侵蚀预报模型计算得到，根据模型建立的途径和模拟过程，模型通常可以分为经验模型、物理过程模型和分布式模型（周正朝和上官周平，2004）。土壤侵蚀经验模型主要有通用土壤流失方程（universal soil loss equation，USLE）、修正的通用土壤流失方程（RUSLE）（Wischmeier and Smith，1978）、刘宝元等开发的中国土壤流失模型（Chinese soil loss equation，CSLE）（Liu et al.，2002）、尹国康和陈钦峦（1989）开发的小流域宏观产沙模型等。土壤侵蚀物理过程模型有水蚀预报模型（water erosion prediction project，WEPP）、土壤侵蚀模型（Limburg soil erosion model，LISEM）（王建勋等，2008；傅伯杰等，2002）、国内谢树楠等开发的黄土丘陵沟壑区流域暴雨产沙模型和蔡强国等开发的黄土高原小流域侵蚀产沙预报模型等。典型的分布式土壤侵蚀模型如 SHE（systeme hydrologique europeen）模型，用于研究水流及泥沙运动空间分布情况（周正朝和上官周平，2004）。其中，RUSLE模型具有输入参数易于获取、使用方便、模拟效果较好等优点，是目前最常用的方法，被广泛应用于国内外土壤侵蚀模拟计算和土壤保持服务中（宁婷等，2019）。

黄河流经黄土高原，区域降雨集中，土质疏松，土壤极易被侵蚀，成为全球水土流失最为严重的区域之一（陈怡平和傅伯杰，2021），中国政府采取了调整土地利用结构、恢复植被、改进耕作方式、在坡面修建梯田及在沟道修建淤地坝等一系列水土保持措施。因此，黄河流域中游生态保护目标以土壤保持为主（黄锦辉等，2006）。水土保持是黄土高原生态恢复和重建的基础（黄奕龙等，2003）。黄河流域生态功能地位十分重要，黄土高原丘陵沟壑水土保持生态功能区等国家重点生态功能区均涉及黄河流域（计伟等，2021）。不同学者在黄河流域开展了一系列土壤侵蚀和保持的研究，尤其是对黄土高原的研究。例如，周日平（2019）采用 RUSLE 模型定量评估了黄土高原生态屏障区土壤侵蚀时空变化特征及退耕还林还草生态工程的土壤保持效应；宁婷等（2019）采用修正的通用土壤流失方程（RUSLE）开展了山西省土壤保持功能重要性空间分布特征评估；王尧等（2020）估算了 2000～2015 年黄河流域土壤保持价值；傅伯杰等从坡面和小流域揭示土地利用和景观工程的水土保持效应，并利用通用土壤流失方程（USLE）模型评价了黄土高原的土壤保持服务和典型区植被恢复对土壤保持的作用（傅伯杰，2016；

Fu et al.，2011；张琨等，2017）。

本书收集了 2000 年和 2016 年黄河流域范围 225 个气象站月值数据（温度、降水）、土壤数据（类型、质地、有机质）、2000 年和 2015 年土地利用数据、1 km 空间分辨率 16 天合成的 MODIS-NDVI 数据、1∶100 万土壤数据等基础数据，利用修正的通用土壤流失方程（RUSLE），模拟评估黄河岸线范围内 2000～2016 年土壤保持服务时空变化格局特征。计算公式如下：

$$SC = A_p - A_r \tag{3-7}$$

$$A = R \times K \times L \times S \times C \times P \tag{3-8}$$

式中，SC 为土壤保持量[t/(hm²·a)]；A_p 为土壤潜在侵蚀量[t/(hm²·a)]；A_r 为土壤实际侵蚀量[t/(hm²·a)]；A 为土壤侵蚀量[t/(hm²·a)]；R 为降雨侵蚀力[MJ·mm/(hm²·h·a)]；K 为土壤可蚀性因子[(t·hm²·h)/(hm²·MJ·mm)]；L 和 S 分别为坡长因子和坡度因子，量纲为一；C 为植被覆盖度与管理因子，量纲为一；P 为水土保持措施因子，量纲为一。

降雨侵蚀力(R)：采用 FAO 修正的 Fournier 指数估算（Arnoldus，1980），兼顾年降水总量和降水的月际分布，具体计算见式（3-9）：

$$R = \sum_{i=1}^{12} (-1.5527 + 0.1792P_i) \tag{3-9}$$

式中，R 为降雨侵蚀力；i 为月份；P_i 为月降水量。

土壤可蚀性因子(K)：表征土壤性质对侵蚀敏感程度的指标。不同的土壤类型 K 值大小不同，其估算方法很多，应用较为广泛是 Wischmeier 等提出的诺谟图法和 Williams 等提出的侵蚀-生产力影响评估模型（erosion-productivity impact calculator，EPIC）。本书采用 Williams 等提出的 EPIC 模型来计算土壤可蚀性因子，主要与土壤的粉粒、砂粒、黏粒及有机质含量有关。其计算公式见式（3-10）：

$$K = 0.1317 \times \left\{ 0.2 + 0.3 \times \exp\left[-0.0256 \times SAN\left(1 - \frac{SIL}{100}\right)\right] \right\} \times \left(\frac{SIL}{CLA - SIL}\right)^{0.3}$$

$$\times \left[1 - \frac{0.25 \times SOM}{SOM + \exp(3.72 - 2.95 \times SOM)}\right] \times \left[1 - \frac{0.7 \times SN1}{SN1 + \exp(-5.51 + 22.9 \times SN1)}\right]$$

$$\tag{3-10}$$

式中，SAN、SIL、CLA 和 SOM 分别为砂粒（0.05～2.0 mm）、粉粒（0.002～0.05 mm）、黏粒（<0.002 mm）和有机质含量（%）；SN1=1–SAN/100。

L 值及 S 值的估算：利用数字高程模型（digital elevation model，DEM）数据，采用 Wischmeier 和 Smith（1978）提出的坡长和坡度因子估算 L、S 值，计算公式见式（3-11）～式（3-14）：

$$L = (\gamma / 22.3)^{m} \tag{3-11}$$

$$m = \beta(1 + \beta) \tag{3-12}$$

$$\beta = \left(\sin\frac{\theta}{0.0896}\right) \Big/ \left[3.0 \times (\sin\theta)^{0.8} + 0.56\right] \tag{3-13}$$

$$S = 65.41 \times \sin^2\theta + 4.56 \times \sin\theta + 0.065 \tag{3-14}$$

式中，L 和 S 分别为坡长因子和坡度因子；γ 为栅格单元水平投影长度（m）；m 为坡长指数；β 为细沟侵蚀和细沟间侵蚀的比率；θ 为 DEM 提取的坡度。

植被覆盖度与管理因子(C)：主要与土地利用类型和覆盖度密切相关，计算公式见式（3-15）和式（3-16）：

$$C = \begin{cases} 1 \\ 0.6508 - 0.3436 \times \lg f \\ 0 \end{cases} \tag{3-15}$$

$$f = \frac{\text{NDVI} - \text{NDVI}_{\text{soil}}}{\text{NDVI}_{\text{veg}} - \text{NDVI}_{\text{soil}}} \tag{3-16}$$

式中，C 为植被覆盖度与管理因子；f 为植被覆盖度（%，月均值）；NDVI 为像元的植被指数；$\text{NDVI}_{\text{soil}}$ 和 NDVI_{veg} 分别为像元植被指数的最小值和最大值，即像元在完全裸露和完全被植被覆盖时的植被指数，取值分别按各类土壤类型对应的 NDVI 最小值概率分布的 5%下侧分位数和各类植被类型对应的 NDVI 最大值概率分布的 95%下侧分位数对应的 NDVI 值。

水土保持措施因子(P)：指采取水土保持措施之后，土壤流失量相对于顺坡种植时土壤流失量的比例；其值位于 0～1 之间，0 值代表不会发生土壤侵蚀的地区，1 值代表没有采取任何水土保持措施的地区。本书综合已有研究，根据不同土地利用类型分别设定为林地（1.0）、灌木丛（1.0）、草地（1.0）、水田（0.15）、旱地（0.4）、水域和城镇（0.0）、未利用地（1.0）。

3.1.3　水源涵养

水源涵养功能通常指生态系统通过对降水的截留、吸收和贮存，改变流域产流特征，以及水文循环路径和水分的存储形式，调节流域地表水、土壤水和地下水之间存储和交换关系，从而既能保障和维持流域生态系统本身的健康，又能最大限度为流域外部提供生态产品和服务的一种能力（乔飞等，2018）。水源涵养作为陆地生态系统的一种重要生态服务，其功能表现形式主要包括调节径流、净化水质、供给淡水等。水源涵养功能主要表现在生态系统自身健康上，能够提供可利用水资源、降水截留、径流调节、洪水调蓄、补给地下水、净化水质、水土保持等多方面的功能，给维持生态系统的健康发展提供保障（Lv et al.，2019；Li et al.，

2019）。目前，水源涵养评估方法主要有综合蓄水能力法（郎奎建等，2000）、林冠截留剩余量法（侯晓臣等，2018）、水量平衡法（李晶和任志远，2008）、TerrainLab模型（Wigmosta et al.，1994）、SWAT 水文模型（乔飞等，2018）、WaSSI-C 模型（刘宁等，2013）、InVEST 模型（包玉斌等，2016）等。其中 InVEST 模型因其数据易获取、结果可信度高、参数调节灵活，可视化表达等优点，在国内外应用较为广泛（雷军成等，2017；王辉源等，2020）。

　　目前的黄河流域水源涵养研究，多通过采用不同方法，在流域局部地区进行水源涵养服务的价值评估、空间格局分异规律、动态变化和影响因素分析，缺乏全流域尺度和岸线尺度的精准度量与评估。例如，吴丹等（2016）采用降水贮存量法对青海省三江源地区生态工程实施前后生态系统水源涵养服务的变化情况进行了客观评估；尹云鹤等（2016）基于改进的伦德-波茨坦-耶拿动态全球植被模型（Lund-Potsdam-Jena dynamic global vegetation model），模拟研究 1981～2010年中国黄河源区水源涵养量的时空变化特征，并探讨气候要素变化的影响；李晶和任志远（2008）、包玉斌等（2016）分别采用容量折算法和 InVEST 定量评价方法基于陕北黄土高原退耕还林还草工程背景下土地利用/覆被变化对研究区水源涵养的影响，计算了陕北黄土高原生态系统涵养水源的物质量、价值量，并进行了空间分区研究；Jiang 等（2018）也对黄土高原生态系统服务进行了空间评价，并提出模式及驱动因素；曹叶琳等（2020）利用水量平衡法分别对 2000～2014年陕西省的生态系统水源涵养功能进行了动态变化评估和重要性评价；卓静等（2017）和王辉源等（2020）分别利用水量平衡原理和基于 InVEST 产水模块，计算了陕西秦岭 2000～2014 年 15 年间水源涵养量的变化，从坡度、高程、坡向方面分析了水源涵养空间格局，并探讨了区域生态保护红线的划定。

　　本书利用 InVEST 的 Seasonal Water Yield 3.3.3 模块，评估黄河岸线范围水源涵养功能时空变化格局特征。InVEST 模型是 2007 年由斯坦福大学、大自然保护协会和世界自然基金会联合开发的开源式生态系统服务功能评估模型，目前已发展到 V3.3.3 版本，包含 22 个子模块，该模型具有功能性强、操作性强、动态性强和应用性强四大优势。模型输入数据包括 2000 年和 2016 年黄河流域范围 225个气象站点月值数据（温度、降水、太阳辐射），通过空间插值生成 1 km 空间分辨率的降水量；利用彭曼公式计算 2000 年和 2016 年的 1 km 空间分辨率的月值蒸发量；DEM、2000 年和 2015 年土地利用数据、土壤数据（类型、质地、有机质）、降水次数、气候分区数据、子流域空间分布数据等。主要计算方程见式（3-17）～式（3-21）：

$$L_{i,m} = P_{i,m} - QF_{i,m} - AET_{i,m} \qquad (3-17)$$

$$\mathrm{QF}_{i,\mathrm{m}} = n_{i,\mathrm{m}} \times \left[\left(a_{i,\mathrm{m}} - S_i \right) \times \exp\left(-\frac{0.2 S_i}{a_{i,\mathrm{m}}} \right) + \frac{S_i^2}{a_{i,\mathrm{m}}} \times \exp\left(\frac{0.8 S_i}{a_{i,\mathrm{m}}} \right) \times E_1\left(\frac{S_i}{a_{i,\mathrm{m}}} \right) \right]$$

$$\times \left[25.4 \times \left(\frac{\mathrm{mm}}{\mathrm{in}} \right) \right] \tag{3-18}$$

$$\mathrm{AET}_{i,\mathrm{m}} = \min(\mathrm{PET}_{i,\mathrm{m}};\ P_{i,\mathrm{m}} - \mathrm{QF}_{i,\mathrm{m}} + \alpha_\mathrm{m} \beta_i L_{\mathrm{sum,avail},i}) \tag{3-19}$$

$$\mathrm{PET}_{i,\mathrm{m}} = K_{c,i,\mathrm{m}} \times \mathrm{ET}_{0,i,\mathrm{m}} \tag{3-20}$$

$$L_{\mathrm{sum,avail},i} = \sum_{j \in \{\mathrm{neighbor\ pixels\ drawing\ to\ pixel}\ i\}} p_{ij} \times \left(L_{\mathrm{avail},j} + L_{\mathrm{sum,avail},j} \right) \tag{3-21}$$

式中，$L_{i,\mathrm{m}}$、$P_{i,\mathrm{m}}$、$\mathrm{QF}_{i,\mathrm{m}}$、$\mathrm{AET}_{i,\mathrm{m}}$ 分别为月径流量、月降水量、月地表快速产流量和月实际蒸散量；$n_{i,\mathrm{m}}$ 为月降水事件；$a_{i,\mathrm{m}}$ 为月降水事件的平均降水量（mm）；E_1 为取整函数；$\mathrm{PET}_{i,\mathrm{m}}$ 为月潜在蒸散量；$\mathrm{ET}_{0,i,\mathrm{m}}$ 为月参考蒸散量；$K_{c,i,\mathrm{m}}$ 为作物系数；$L_{\mathrm{avail},j}$ 为有效径流量；$\dfrac{\mathrm{mm}}{\mathrm{in}}$ 为从英寸转换为毫米；25.4 为英寸到毫米的转换系数；S_i 为潜在蓄水能力（mm），利用栅格单元 i 的径流曲线数 CN 转换计算；L 为栅格单元 i 的累计可用潜在基流，下角标 sum 意为累计，avail 意为可利用。

3.1.4　生境质量

生物多样性可提供调节、支持和文化等生态系统服务（Ellis et al.，2019），对促进各种生态系统功能有效发挥起着至关重要的作用，是维持生态功能和促进高质量发展的根基（Fellman et al.，2015; Liu et al.，2018）。生境质量（habitat quality，HQ）是指生态系统为生物个体和种群提供生存条件的能力，表现为生存资源的可获得性、生物繁殖与存在数量等（Sharp et al.，2018），反映了生物多样性保护的需求。生境质量在一定程度上可以作为一个替代性指标来表征生物多样性水平（Xu et al.，2018），通常采用生态模型进行估算，比较具有代表性的模型主要包括 InVEST 模型、生境适宜性模型 HIS、IDRISI 软件中的生物多样性评价模块、C-Plan 和 ConsNet 模型等（包玉斌等，2015）。其中，通过 InVEST 模型中的生境质量模块（habitat quality model）可以直观了解区域生物多样性维持服务的现状，评估不同威胁源与土地利用/覆被对生物多样性的影响，有助于研究与某些经济目标不一致的区域，帮助预测、识别和规避规划冲突（Sharp et al.，2018）；同时该模块具有获取数据便利、需求参数较少、分析能力精准及操作和数据处理简单等优点，现已被广泛应用于生境质量的评估（Kunwar et al.，2020；杨洁等，2021）。

黄河流域生物多样性保护在我国国土生态安全格局中具有重要地位，如在《中国生物多样性保护优先区域范围》（2015 年）划定的 35 个生物多样性保护优先区域中，涉及黄河流域的有 6 处。在黄河流域不同学者开展了大量的生境质量时空变化和影响因素研究，但是很少涉及黄河岸线生境质量的定量评估和情景模拟研究。杨洁等（2021）利用 InVEST 模型评估了黄河流域 2000～2018 年生境质量的时空变化及空间分异特征的驱动因子；贾艳艳等（2020）采用 InVEST 模型揭示了 2000～2018 年黄河三角洲生境质量的时空演变特征与土地利用程度的关系；包玉斌等（2015）采用 InVEST 评估了陕西省黄河湿地自然保护区的生境质量，并研究了土地利用变化对保护区生物多样性维持的影响；Ding 等（2021）将未来土地利用模拟（FLUS）模型与 InVEST 模型相结合，分析了在不同情景下未来黄河三角洲的生境质量。

本书生境质量（HQ）采用 InVEST 模型的生境质量子模块进行估算，以评估黄河 5 km 岸线范围内 2000～2016 年生境质量的时空变化格局，综合考虑了土地利用变化、道路和地质灾害三种威胁类型。生态系统服务表征指标、估算方法、情景设计与数据的具体选择，如表 3.1 所示。模型的敏感性和威胁参数主要参考现有的相关研究（Ouyang et al., 2016；Sharp et al., 2018；Xu et al., 2018）。主要计算公式如下：

$$\text{HQ}_{xy} = H_j \cdot \left[1 - \left(\frac{D_{xy}^z}{D_{xy}^z + K^z} \right) \right] \tag{3-22}$$

$$（如果为线性衰减）\ i_{ixy} = 1 - \left(\frac{d_{xy}}{d_{r\,\max}} \right) \tag{3-23}$$

$$（如果为指数衰减）\ i_{ixy} = \exp\left(-\frac{2.99 d_{xy}}{d_{r\,\max}} \right) \tag{3-24}$$

$$D_{xj} = \sum_{r=1}^{R} \sum_{y=1}^{Y_r} \left(\frac{\omega_r}{\sum_{r=1}^{R} \omega_r} \right) r_y i_{rxy} \beta_x S_{jy} \tag{3-25}$$

式中，HQ_{xy} 为生境质量；D_{xj} 为地类 j 中栅格 x 的生境退化程度；H_j 为地类 j 的生境适宜度；K 为半饱和常数；z 为模型默认参数，2.5；d_{xy} 是栅格 x 和 y 之间的线性距离；$d_{r\,\max}$ 是威胁 r 的最大影响距离；D_{xj}（总威胁水平）由不同威胁源权重 ω_r、威胁源强度 r_y、威胁源在生境每个栅格中产生的影响 i_{rxy}、生境抗干扰水平 β_x 及每种生境对不同威胁源的相对敏感程度 S_{jy}（如果 S_{jy}=0，则 D_{xy} 不是威胁 r 的函数）五个指标决定。其中，Y_r 是指 r 威胁栅格图上的一组栅格。由于栅格分辨率的变化，每种威胁图都能有一组栅格。其中威胁权重是归一化后的权重，其加和为 1。

表 3.1 生态系统服务表征指标、估算方法、情景设计与数据

生态系统服务	指标	方法	情景	气象数据	土地利用	道路网	NDVI 数据
水源涵养	年产水量	InVEST 模型/产水质量模块	情景 1（基准）	2000 年模拟（2000 年气象数据）；2016 年模拟（2016 年气象数据）	2000 年模拟（2000 年土地利用）、2016 年模拟（2015 年土地利用）		
			情景 2	2016 年气象数据	2000 年土地利用		
			情景 3	2000 年气象数据	2015 年土地利用		
生物多样性维持	生境质量	InVEST 模型/生境质量模块	情景 1（基准）		2000 年模拟（2000 年土地利用）、2016 年模拟（2015 年土地利用）	2000 年（2002 年道路网）、2016 年（2015 年道路网）	
			情景 2		2000 年土地利用	2015 年道路网	
			情景 3		2015 年土地利用	2002 年道路网	
土壤保持	潜在土壤保持量（潜在土壤流失量−实际土壤流失量）	RUSLE	情景 1（基准）	2000 年模拟（2000 年气象数据）、2016 年模拟（2016 年气象数据）	2000 年模拟（2000 年土地利用）、2016 年模拟（2015 年土地利用）		2000 年模拟（2000 年 NDVI）、2016 年模拟（2016 年 NDVI）
			情景 2	2016 年气象数据	2000 年土地利用		2000 年 NDVI
			情景 3	2000 年气象数据	2015 年土地利用		2016 年 NDVI
固碳	净初级生产力（NPP）	CASA	情景 1（基准）	2000 年模拟（2000 年气象数据）、2016 年模拟（2016 年气象数据）	2000 年模拟（2000 年土地利用）、2016 年模拟（2015 年土地利用）		2000 年模拟（2000 年 NDVI）、2016 年模拟（2016 年 NDVI）
			情景 2	2016 年气象数据	2000 年土地利用		2000 年 NDVI
			情景 3	2000 年气象数据	2015 年土地利用		2016 年 NDVI

3.1.5 数据搜集与处理

历史数据包括美国地质调查局共享的 2000 年和 2016 年 16 天合成的 1 km 空间分辨率的 MODIS-NDVI，通过最大值合成法生成 NDVI 月值数据。2000 年和 2015 年 1 km 空间分辨率土地利用数据来源于中国科学院资源环境科学与数据中心（http://www.resdc.cn），因无法获取 2016 年土地利用数据，所以采用 2015 年土地利用数据作为 2016 年生态系统服务模拟的输入数据。气象数据来源于中国气象数据网，包括 2000 年和 2016 年月值降水、日均温、太阳总辐射，其中降水和日均温涉及覆盖黄河流域的 225 个国家级气象站，太阳总辐射包含 99 个国家级气象站，均采用反距离加权（inverse distance weighted，IDW）法插值获取全流域 1 km 空间分辨率的气象数据。三级流域边界和 1∶25 万 2002 年道路网数据（高速、国道、省道、高铁、普铁）来源于中国科学院湖泊-流域科学数据中心，2016 年道路网数据来源于 1∶100 万全国基础地理数据库，分别用于模拟 2000 年和 2016 年道路网对生境质量的影响。其他数据有 1∶100 万土壤数据［包括土壤类型、土壤质地（黏粒、粉粒、砂粒）、土壤深度、土壤有机质含量等指标］（Shangguan et al.，2013）和 30 m DEM。

3.2 生态系统服务功能变化

3.2.1 生态系统服务总量变化

水源涵养、土壤保持和固碳呈显著增强趋势，总量分别从 2000 年的 6.3 亿 m^3、0.6 亿 t 和 14.3×10^6 g C 增长到 2016 年 9.0 亿 m^3、0.8 亿 t 和 19.0×10^6 g C，分别增长 42.9%、33.3% 和 32.9%。生境质量总体维持稳定，从 2000 年的 0.592 增长到 2016 年的 0.603，增长了 1.9%（表 3.2）。

表 3.2 2000～2016 年黄河岸线生态系统服务变化

生态系统服务	2000 年	2016 年	2000～2016 年变化	
			增长总量	增长比例/%
水源涵养/亿 m^3	6.3	9.0	2.7	42.9
土壤保持/亿 t	0.6	0.8	0.2	33.3
固碳/10^6 g C	14.3	19.0	4.7	32.9
生境质量	0.592	0.603	0.011	1.9

3.2.2　生态系统服务空间变化

1. 生态系统服务时空变化

　　四类生态系统的高值均主要分布在龙羊峡水库以上岸线，低值区主要分布在中游岸线（图 3.1）。从变化面积看，固碳、土壤保持和水源涵养呈增长趋势的面积分别占岸线总面积的 83.1%、80.9% 和 74.5%，呈下降趋势的面积分别占总面积的 9.5%、11.0% 和 14.5%，维持稳定趋势的面积分别占 7.4%、8.1% 和 11.0%。生境质量指数总体呈稳定趋势，全岸线均值维持在 0.597，70.4% 的面积保持不变，15.7% 的面积呈增加趋势，13.9% 呈微弱下降趋势（图 3.2）。

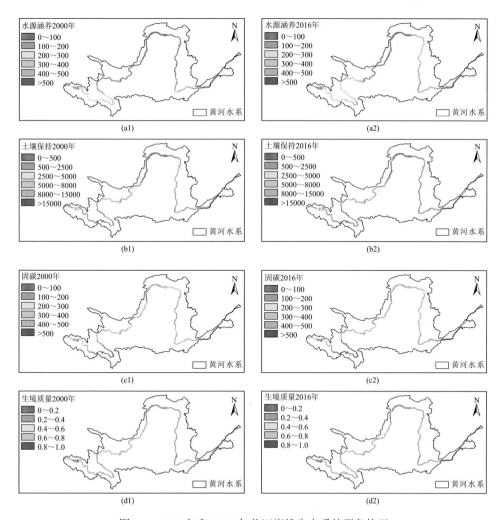

图 3.1　2000 年和 2016 年黄河岸线生态系统服务格局

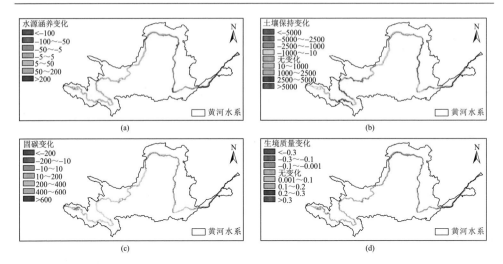

图 3.2　2000～2016 年黄河岸线生态系统服务空间变化

2. 生态系统服务权衡空间格局

如表 3.3 所示，水源涵养-土壤保持、土壤保持-固碳、水源涵养-固碳之间呈显著的协同关系，占岸线总面积的比例均超过 67%；而水源涵养-生境质量、土壤保持-生境质量、固碳-生境质量之间没有明显关系，其比例均超过 72%，剩余面积权衡比例高于协同。三类生态系统服务变化之间，水源涵养-土壤保持-固碳呈显著的协同关系，其面积占岸线总面积的 63.1%，而水源涵养-土壤保持-生境质量、土壤保持-固碳-生境质量呈较显著的权衡关系，其面积分别占岸线总面积的 24.4% 和 24.2%，呈协同关系的面积比例分别占 5.3% 和 9.2%。四类生态系统服务之间呈明显的权衡关系，其面积占岸线总面积的 32.9%，而协同只占 4.8%。

表 3.3　黄河岸线四类生态系统服务权衡与协同关系面积比例　　　（单位：%）

项目	WC-SR	WC-NPP	SR-NPP	WC-HQ	SR-HQ	NPP-HQ	WC-SR-NPP	WC-SR-HQ	SR-NPP-HQ	WC-SR-NPP-HQ
协同	72.4	67.6	75.6	8.4	11.8	13.8	63.1	5.3	9.2	4.8
权衡	10.4	15.2	11.6	16.9	15.5	13.9	20.6	24.4	24.2	32.9
其他	17.2	17.2	12.8	74.7	72.7	72.3	16.3	70.3	66.6	62.3
合计	100	100	100	100	100	100	100	100	100	100

注：WC 为水源涵养；SR 为土壤保持；NPP 为固碳；HQ 为生境质量。

3.3　生态系统服务变化驱动因素

3.3.1　土地利用/覆被变化

2000～2016 年，黄河岸线土地利用变化主要表现为耕地-草地互转、耕地-林地互转、耕地和草地转城镇用地[图 3.3（a）]。城镇、草地和水域均呈增加趋势，分别增加 580 km² （26.8%）、754 km² （3.6%）和 564 km² （10.7%），而林地、耕地和其他用地分别减少 124 km² （4.4%）、86 km² （0.5%）和 1688 km² （31.2%）（表 3.4）。其中，耕地和草地分别向城镇用地转换了 898 km² 和 293 km²。受退耕还林还草工程推进的影响，耕地分别向林地和草地转换了 166 km² 和 1217 km²。受退耕还湿及渔业养殖的影响，耕地向水域转换了 784 km²。同时，受土地利用开发与利用的影响，草地和林地分别向耕地转换了 1399 km² 和 176 km²。建设用

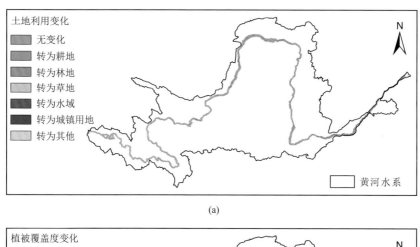

(a)

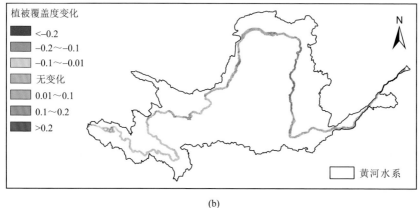

(b)

图 3.3　2000～2016 年土地利用与植被覆盖度变化

表 3.4　黄河岸线 2000～2016 年土地利用转移矩阵　　　（单位：km²）

项目	耕地	林地	草地	水域	城镇	其他	2000 年小计
耕地	12523	166	1217	784	898	128	15716
林地	176	2122	392	88	54	13	2845
草地	1399	307	18283	469	293	460	21211
水域	610	40	285	4211	32	110	5288
城镇	605	19	101	37	1389	16	2167
其他	317	67	1687	263	81	2994	5409
2016 年小计	15630	2721	21965	5852	2747	3721	52636

地扩展导致局部陆域生态系统服务呈下降趋势，但林地和草地的增加促进四类生态系统服务呈增长趋势。

2000～2016 年植被覆盖度总体呈上升趋势，黄河岸线植被覆盖度均值从 2000 年的 54.7%增长到 2016 年的 61.6%，增长了 6.9 个百分点；植被覆盖度呈上升趋势的面积占岸线总面积的 67.6%，呈下降趋势的面积占 25.4%[图 3.3（b）]。植被覆盖度增长有助于直接促进固碳、水源涵养和土壤保持总体呈增长趋势。从图 3.3 中可以看出，上游源区土地利用变化中转成草地的面积较多，同时植被覆盖度下降也较为明显，导致该段岸线的水源涵养、土壤保持和固碳均呈较明显的下降趋势，而生境质量呈好转趋势。

3.3.2　气候变化

2000 年和 2016 年黄河流域的气象因子波动幅度较大，年均降水、温度和太阳辐射分别从 2000 年的 530.2 mm、8.8℃和 5149.6 MJ/m² 增加到 2016 年的 568.4 mm、9.8℃和 5335.3 MJ/m²，年均降水和温度的增加促进黄河岸线水源涵养、土壤保持和固碳三类服务的增加。基于情景模拟（表 3.5）可知，气候变化对黄河岸线水源涵养和固碳变化影响占绝对主导地位，贡献分别为 109.74%和 99.79%，而

表 3.5　生态系统服务情景模拟评估

生态系统服务	2000 年	2016 年	情景 1 2016 年	情景 2 2016 年	气候变化贡献 /%	土地利用变化 贡献/%	共同作用 贡献/%
水源涵养	6.35	9.02	6.15	9.28	109.74	−7.49	−2.25
土壤保持	0.59	0.85	0.64	0.79	76.92	19.23	3.85
固碳	14.27	19.02	14.28	19.01	99.79	0.21	0.00

注：情景 1 为利用 2000 年的气象数据得到的 2016 年生态系统服务；情景 2 为利用 2000 年的土地利用数据得到的 2016 年生态系统服务。

土地利用变化贡献分别为-7.49%和0.21%；土壤保持服务变化受气候变化和土地利用变化的影响程度分别为76.92%和19.23%，共同作用贡献为3.85%。

3.3.3　生态工程建设

黄河流域一直是中国生态保护与修复的重点地区之一，2000年以来连续实施了三大重点生态工程建设，包括天然林保护工程、退耕还林还草工程和水土保持工程。其中，2000～2015年天然林保护工程（山东省除外）和退耕还林还草工程分别投资885.6亿元和1634.6亿元，建设天然林面积19432.36×10^3 hm^2，实施退耕还林还草13980.45×10^3 hm^2（以黄河流域涉及的9个省份为统计单元）（Bryan et al., 2018）。2001年实施的黄河水土保持生态工程，共安排了39个项目区，涉及19条黄河重点一级支流，开展水土流失综合治理5078 km^2，总投资21亿元。三大重点生态工程的实施，使黄河流域生态退化趋势基本得到遏制，提高了水源涵养能力和水土保持能力，增加了林草生物量和碳储存量，促进了生物多样性的提高。2000年至今为退耕还林还草治理阶段，植被覆盖率从1999年的31.6%增加至2017年的约65%，有效控制了黄土高原水土流失，入黄泥沙减少至2亿t左右（陈怡平和傅伯杰，2019）。

3.4　生态系统问题与对策

黄河流域在我国人居安全、生态安全战略格局中占有十分重要的地位，在我国"两屏三带"生态安全建设战略布局中，青藏高原生态屏障、黄土高原—川滇生态屏障、北方防沙带等均位于或穿越黄河流域。同时，黄河流域也是资源丰富、人口众多、开发历史悠久、具有巨大发展潜力的地区。由于独特的地理位置和气候条件，黄河流域生态十分脆弱，生态系统服务功能退化风险较大。因此，黄河流域一直是我国生态保护和建设的重点地区，如《全国生态功能区划（修编版）》（2015）在全国划定了63个重要生态功能区，涉及黄河流域的有10个（曹越等，2020），在山水林田湖草生态保护修复工程的25个试点中，涉及黄河流域的有7个（傅声雷，2020）。而梳理黄河流域面临的生态系统服务关键问题和对策是生态保护和高质量发展战略实施的关键工作（何智娟等，2010）。

3.4.1　生态系统服务面临的问题

自21世纪以来黄河流域大部分地区生态系统状况有所改善，改善幅度整体大于恶化幅度，一定程度上反映了黄河治理成效（刘耕源等，2020）。但是历史上黄河流域人类活动频繁，过度放牧、采砂、排污、围垦等严重影响了黄河流域生态系统服务功能的稳定发挥（傅声雷，2020），加上黄河流域生态系统类型多样并对全球变化敏感，导致生态系统服务功能容易退化，使得生态系统的改善并没有从根本上得到扭转。黄河流域上中下游地区的经济、自然条件不一，生态效率差异较大，本书从上中下游梳理黄河流域生态系统服务面临的关键问题。其中，上游主要面临水源涵养和生物多样性维持功能下降问题，中游主要面临水土流失严重问题，下游主要面临生物多样性维持功能退化问题。

1. 上游水源涵养和生物多样性维持功能降低

从河源至内蒙古的河口村为上游，河道长 3471.6 km。生态系统退化没有得到彻底遏制，水源涵养能力有待进一步提升。上游水源涵养功能和生物多样性维持功能降低主要是由河源区湿地草甸退化（何智娟等，2010）、宁夏平原和内蒙古河套平原河流湿地（滩地）和沼泽湿地面积萎缩、水体污染导致（陈怡平和傅伯杰，2021）。

黄河源区是指唐乃亥水文站以上的黄河流域，是全流域重要的产水区和水源涵养区，对黄河流域水资源具有极其重要的影响。随着青藏高原温度呈上升趋势，而降水量无显著增加，蒸发量增大，引起黄河上游"水塔"区冰雪消退、冻土消融，从而导致土壤下渗能力增强，径流量减少，干旱加剧。源区湿地面积萎缩退化，导致草地产生裸露斑块，啮齿类动物（鼠兔和鼢鼠）活动增加，造成草地剥蚀、湿地草甸缩小。加上过度放牧，毒杂草蔓延，导致土壤肥力下降，土壤退化，草原退化。由湿地草甸景观转变为高寒草原景观，导致水源涵养能力和湿地生态系统生物多样性下降（陈怡平和傅伯杰，2021）。

黄河上游水力资源丰富，形成了众多的河流（滩地）湿地和沼泽湿地，主要分布在宁夏平原和内蒙古河套平原。宁夏平原自然湿地面积持续萎缩，城市景观人工湿地面积不断增大，并且受农田垦占、城市扩张、工业园区建设、交通基础设施建设等影响，湿地空间在一定程度上被侵占，功能的完整性和稳定性遭到破坏，湿地破碎化问题明显（王丽等，2021），导致宁夏沿黄地区内湿地生态系统功能呈下降态势。内蒙古平原河套湿地主要位于黄河"几字弯"北岸，是我国中温带候鸟迁徙繁衍的重要场所、北方重要的防沙生态屏障。乌梁素海、岱海等湖泊水体污染严重，主要原因是河套灌区农田排水汇入其中，大量氮、磷等营养元素进入水体，水体受到氮、磷等元素的污染，导致野生鸟类和鱼类受到严重威胁。因地处干旱半干旱区域年蒸发量较大，水中所含有的矿物质、农药和化肥等残留物不断地浓缩，加速了水体的污染，使得湿地生态系统生物多样性受到威胁。

2. 中游黄土高原水土流失严重，治理难度大

河口村至河南省的桃花峪为中游，河道长 1206.4 km，流经黄土高原，是黄河洪水、泥沙的主要来源区。由于黄土高原降雨多集中，下垫面土壤易被流水侵

蚀，人类对流域耕地的过度开发使植被破坏严重，防沙固土能力下降，因此，黄土高原成为世界上水土流失面积最广、侵蚀强度最大的地区。黄土高原地区严重的水土流失导致生态环境脆弱、生态系统退化，加剧了荒漠化的发展和伴生灾害的发生，严重制约了黄河生态安全保护屏障和生态建设的发展。黄土高原地区特殊的自然环境使得其面临水土流失类型多样、成因复杂、治理难度非常大等问题（肖培青等，2020；计伟等，2021）。

3. 下游生物多样性遭受威胁

桃花峪至入海口为下游，河道长 785.6 km，落差仅 94 m。下游生态流量偏低（计伟等，2021）、生态区存在断流风险、河槽淤积及河口三角洲湿地萎缩导致生物多样性维持功能降低等问题（何智娟等，2010）。20 世纪 70 年代至 90 年代末，在气候变化与人类无序用水的影响下，黄河干流曾出现了罕见的断流现象。近期随着经济社会的发展，黄河流域地表水开发利用率和消耗率已达 86% 和 71%，远超黄河水资源承载能力，缺水导致生态系统生物多样性面临很大挑战（刘昌明等，2019）。

人类活动挤占了过多的自然湿地，造成黄河三角洲湿地面积萎缩，导致生物多样性下降。黄河下游入海口具有丰富的滨海湿地资源，所形成的河口海岸带湿地生态系统具有典型的原生性、脆弱性、稀有性和国际重要性，是东北亚内陆和环西太平洋鸟类迁徙重要的中转站栖息地、繁殖地和越冬地（朱书玉等，2011）。但自 20 世纪以来，随着黄河三角洲区域经济发展和城镇化的推进，在黄河三角洲进行了大规模的围海造田及海水养殖，造成河流和沼泽湿地面积减少（裴俊等，2018）。与 1986 年相比，自然湿地由 2603.58 km^2 减少至 2021 年的 1024.50 km^2，其中滩涂和草甸灌丛损失率均超过 60%，而以养殖池、盐田为代表的人工湿地面积显著扩张（牛馨卿等，2023）。

湿地重金属污染、富营养化和盐渍化问题，导致湿地生物多样性受到威胁。过度开采导致黄河流域水质下降，水体和土壤中的 As、Pb 和 Cr 存在一定的健康风险。工业废水、生活废水、P 和 N 对水质的影响分别占 66%、21%、8% 和 5%（Chen et al.，2020）。同时围海造田和海水养殖也导致黄河口和邻近海域湿地面积减少和富营养化问题，以致浮游动物、浮游植物、鱼类和底栖动物的多样性也明显下降，湿地生态系统的重要指示物种——湿地水鸟成为全球受威胁比例最高的生物类群之一（Yang et al.，2018；傅声雷，2020）。另外，近年来黄河入海泥沙锐减，海水倒灌导致湿地萎缩和土壤盐渍化加剧。土壤盐渍化造成土壤有机质含量降低，土壤肥力下降，微生物种类和数量锐减及植被群落逆向演替，造成滩涂底栖动物密度降低，鸟类觅食、栖息生境严重退化。

3.4.2　生态系统服务提升对策

黄河流域"源""过程""汇"区位不同而保护重点不同，要根据其所提供的生态服务能力及改善情况动态制定分区分类保护策略（刘耕源等，2020）。针对上中下游突出的生态问题采用相应治理对策（计伟等，2021），同时需要统筹兼顾上下游、各级各部门进行系统治理。

1. 分区重点治理

1）上游水源涵养提升

上游要以三江源、祁连山、甘南黄河上游水源涵养区为重点，加强草原和湿地退化治理和加快建立生态补偿机制，推进实施重大生态保护修复和建设工程，提升水源涵养能力（金凤君，2019）。如黄河上游甘南段从生态系统服务价值估算结果看，随着生态恢复与重建工作的开展，2010 年生态系统服务价值比 2005 年上升 4549 万美元，甘南生态系统服务价值有所提升（丁辉和安金朝，2015）。2005年国务院批准实施《青海三江源自然保护区生态保护和建设总体规划》，投资 75亿元在三江源自然保护区开展生态保护，至 2012 年草地面积净增加 124 km^2，湿地面积净增加约 280 km^2，荒漠生态系统的面积净减少约 490 km^2，水源涵养量不断增加（陈怡平和傅伯杰，2019）。借鉴三江源国家公园发展标准和政策，建立以中央财政为主、社会资本参与的资金筹措机制和生态补偿机制，开展国家黄河首曲草原生态效益补偿试点，提高甘南牧区居民生计的可持续性（戈银庆，2009）。

在草原退化治理中部署草原啮齿类动物（鼠兔和鼢鼠）防控关键技术研发，为精准防治高原鼠害提供科技支撑。加强人工优质牧草培育，减少草场压力，给草原休养生息的机会，维持其可持续利用性（陈怡平和傅伯杰，2021）。在湿地功能治理中，对适宜地区强调生态补水，以提高水体水环境容量，保障湿地生态服务功能（王丽等，2021）。在湖库和沟渠、农业退水污染治理中，除生态补水外，应该重点在宁夏平原和内蒙古河套平原尽快全面实施滴灌技术、测土、精准施肥，以减少漫灌、化肥过度使用造成的河湖面源污染。2017 年内蒙古自治区对乌梁素海、岱海等湖泊进行综合治理和严格落实河湖长制，使得水质得到明显提升，取得了良好的效果。

2）中游加强水土保持

中游要突出抓好水土保持，以黄土高原为重点加强水土流失治理，推进自然恢复与人为水土保持工程相结合，正确处理开发与保护的突出矛盾（金凤君，2019）。中华人民共和国成立以来，党和国家十分重视黄土高原水土流失治理，实施了坡面治理、沟坡联合治理、小流域综合治理和退耕还林草工程，其中退耕还林草工程治理效果显著（陈怡平和傅伯杰，2021）。黄土高原地区的水土流失治理在实践中不断创新，20 世纪 80 年代，科研人员总结出了以小流域为单元的综合治理模式，并且在黄土丘陵沟壑区、黄土高塬沟壑区、黄土阶地区、土石山区和风沙区等不同类型区采取不同的治理模式（党维勤，2007；康玲玲等，2001）。2000年至今为退耕还林还草治理阶段，有效控制了黄土高原水土流失。党的十八大后，中央推进生态文明建设，坚持人工治理与自然修复相结合，加快黄河上中游地区山水林田湖草沙综合治理，积极推进"固沟保塬"工程和粗泥沙集中来源区拦沙工程建设，黄土高原生态修复成效显著（牛玉国和岳彩俊，2020）。

3）下游生物多样性保护

黄河流域在我国生物多样性保护和生态功能维持方面具有重要意义（傅声雷，2020），下游的黄河三角洲是我国暖温带最完整的湿地生态系统，要做好保护工作，提高生物多样性（金凤君，2019）。针对缺水导致的生态系统生物多性降低问题，黄河流域管理部门实施了黄河水量统一调度和调水调沙试验，优化三门峡水库、小浪底水库等水库的调水调沙方案（何智娟等，2010），构造合理的水沙关系，在一定程度上有效地解决了困扰我国多年的断流和泥沙淤积问题，对黄河下游生态系统也起到了一定的修复作用。

针对人类活动挤占自然湿地，导致生物多样性下降的问题，黄河流域管理部门专门开展了河口湿地生态修复工程，如 2001～2003 年 9 月国家开始在山东黄河三角洲国家级自然保护区内现行黄河河道两侧实施 30 万亩湿地恢复工程（何智娟等，2010）。针对重金属污染和盐渍化加剧引起的生物多样性下降问题，应加强对工业企业特别是中小企业污染排放的检查。遏制湿地土壤盐碱化的关键是防治海水倒灌，而防治海水倒灌的关键是维持泥沙淤积-冲刷平衡，因此需保持下游河道与河口冲-淤平衡，从而恢复黄河三角洲湿地生态功能，重建健康生态系统。

2. 上中下游系统治理统筹规划

上中下游生态系统之间相互影响，生态治理和保护需统筹各级各部门、多领域进行系统谋划，把黄河由源头到入海口的整个流域看作一个统一的生态、环境、社会经济复合巨系统（董锁成等，2021）。将全流域上中下游统一规划、搞好顶层设计，各级各部门、左右两岸要统筹协调经济社会发展和水资源节约，责权利明晰落实到功能区和建设项，协同攻坚维护全流域的生态平衡和持续发展，重点包括统筹规划生态补偿和实施优化水资源分配方案，大力节水、留足生态用水，保证生态系统服务功能稳定发挥。

（1）生态补偿。黄河上中下游应建立利益共享、责任共担的生态补偿机制和制度及相应的政策和法规，建立健全全流域统一利用、保护和管理的方案（董锁成等，2021）。生态补偿是保护流域生态环境、促进人与自然和谐的重要手段。随着黄河流域环境污染的加剧，流域之间上游、中游和下游的经济利益冲突日渐凸显，应综合规划，以流域机构及省级行政区为协调单元、地市级行政区为管理单元、县级行政区为行动单元，并考虑区际关联，实施生态补偿。生态补偿机制应强调整个受益地区对做出了一定牺牲的保护地区进行补偿，避免由上到下的逐级补偿模式，尤其需要在生态脆弱性较高、水资源开发利用矛盾突出、受破坏程度较高的重要生态功能区建立流域横向生态保护补偿机制，强化开发地区、受益地区对保护地区、受损地区的补偿（史会剑等，2021）。

（2）优化水资源分配方案，大力节水，留足生态用水。"八七"分水方案实施以来，为黄河可持续发展提供了制度保障。但是，随着黄河流域用水结构的改变与径流量的持续下降，有必要在各级各部门之间协调进行优化水资源分配方案。马涛等（2021）基于流域主体功能评价指标体系建立以主体功能优化为目标导向的流域主体功能水资源分配机制，通过遗传算法求解多目标优化模型，得到 2017年黄河流域 9 省（自治区）的四类水资源分配方案，使黄河流域最大可能节水 23.01亿 m^3，给黄河流域主体功能实现分别带来 4344.48 亿元的生产功能增量、991.35亿元的生态功能价值增量，可多承载 8194.84 万人口。同时有序退出并严格限制高耗水行业，用市场手段倒逼用水方式由粗放低效向节约集约转变，也可以大力节水，留足生态用水（解振华，2021）。

第4章 黄河沿岸湿地类型与空间格局

湿地生态系统是全球生态系统中服务价值最高,生物多样性最大的生态系统,享有"地球之肾""物种基因库"等美誉。近年来,受人类活动干扰和气候变暖等因素影响,全球范围内湿地遭受愈加严重的威胁,大量湿地遭遇破坏性的开发和利用,湿地的数量和质量日益萎缩,湿地生态环境不断恶化。黄河流域地处干旱区、半干旱区,水资源相对缺乏,生态环境具有极强的脆弱性和敏感性,黄河流域湿地退化已经成为不争的事实(孙永军,2008)。湿地是黄河流域生态系统的重要组成部分,对黄河的水量调节、水质净化、水土保持与维持生物多样性和生态平衡起着重要的作用。准确掌握流域黄河湿地资源的数量和分布,开展湿地资源现状、空间结构相关调查,是进行黄河流域资源评价、制定黄河湿地合理利用、修复与保护决策的基本前提,并且可以对科学评估湿地生态服务价值提供强有力的支撑。

4.1 数据处理与湿地解译

4.1.1 确定黄河流域湿地分类方案

湿地分类作为湿地研究的基础,分类系统合理与否直接影响到湿地资源调查、湿地管理与保护和湿地评价等多方面的研究工作。根据中国的湿地现状及《湿地公约》《全国湿地资源调查与监测技术规程》的相关规定,借鉴国内外前人的研究,结合黄河三角洲湿地解译标志,制定出符合国家湿地分类要求,能反映黄河三角洲湿地实际情况的黄河湿地景观分类系统,将黄河流域湿地类型分为源头沼泽湿地、河滨洲滩湿地、河中岛屿型湿地和河口湿地四种类型,监测整个黄河流域的湿地现状、分布格局和人类活动干扰强度。

4.1.2 遥感数据选择与处理

传统的野外采样方法范围小,耗费大量的人力、物力和时间,并且对湿地具有破坏性,而且传统的普查和统计数据误差大、数据不易统一,很难获得某个地区的总体数据。伴随 3S 技术在许多研究和管理领域的广泛应用并日趋成熟,3S技术逐步应用到湿地调查研究中,其中的遥感技术测量范围大、更新时间快,对湿地不会有任何破坏,应用 3S 技术对湿地资源进行调查、分析,建立湿地地理信息系统，可以及时准确地查清湿地资源现状，并对湿地资源的分布规律和变化趋势分析研究提出湿地开发利用的原则和建议，具有快速、经济、高效的优势。本次研究采用的遥感数据为美国陆地卫星 Landsat 获取的 OLI_TIRS（2016年数据）卫星数字产品，为了便于湿地信息提取，选取无云或者少云等利于解译的原始影像，得到黄河流域原始影像共 31 景。

原始影像筛选完成后，对其进行预处理，包括遥感图像几何校正与配准、图像镶嵌与影像图制作及地理底图制作，最终得到具有统一地理坐标互相配准的数据库，为湿地信息提取与分析评价和成果表达奠定基础。所有处理均是在遥感图像处理软件 ENVI5.3 和地理信息系统软件 ArcGIS 10.6 支持下完成的。

具体数据与处理技术流程如下：首先对研究区内 31 景遥感影像的遥感数据进行校正、镶嵌和分幅，得到具有统一地理坐标的基础数据库，包括三波段合成的影像图和供信息提取的多波段镶嵌、分幅数据。

黄河流域空间跨度大，湿地类型多样，影像特征复杂，目视解译全区工作量较大，效率较低，将计算机湿地信息自动提取方法应用到整个黄河流域虽然能够提取出部分湿地，在一定程度上提高工作效率、减少手工操作工作量，但会有错提、漏提现象，比如人工湿地与天然湖泊湿地、河流湿地都作为水体提取，但类别属性需要目视判别确定；近海岸湿地需要根据空间地理位置判定；河流断流、季节变化使湿地失去原有的光谱特征（植被干枯、冰雪覆盖等）造成同物异谱、同谱异物等问题是自动分类无法解决的。因此，有些湿地类型可以通过自动方法提取，而有些湿地类型需要目视判别，自动信息提取或目视解译的单一解译方法难以保证解译成果的可重复性和稳定性，在兼顾解译质量和效率及综合考虑的基础上，采用自动提取与人机交互解译相结合的方法提取湿地信息。解译的基本要素包括色调/颜色、大小、形状、纹理、结构、亮度、阴影、组合构型和所处的地理位置等。

技术流程如下：在预处理基础上先进行目视判读，利用地表景物的光谱特征、空间特征——光谱特征主要表现在假彩色合成图像上的颜色差异，在 4、3、2 三个波段合成的标准假彩色影像上，红色代表植被，蓝黑色代表水体；空间特征就是景物的各种几何形态，包括景物的形状、大小、图形、阴影、位置、纹理、类型等，如虾池、盐田、水库等几何形状规则简单，容易判读——根据不同地物在不同波段组合下的特征识别出裸地、水体、植被、淤泥，以此在遥感影像上选出一定数量的训练样本进行监督分类，选择支持向量机分类器自动计算每个训练样区内的地类数据并统计，再根据分类结果和解译标志对初步分类结果进行删减、修改、补充和整理，得到各类湿地矢量化图斑，通过建立拓扑关系和属性编辑生成黄河流域的湿地现状图，并统计每块图斑的面积获得黄河沿岸湿地现状信息的结果。

4.1.3　影像分类、湿地信息提取与统计

采用计算机自动信息提取和人机交互解译相结合方法提取黄河湿地信息后，利用地理空间分析技术提取变化信息，共提取黄河湿地面积 235419.9 hm²，湿地斑块数量 13576 个。根据监测数据，从整个黄河流域和上中下三个分区、行政分区的角度分别统计、分析湿地分布规律，包括不同类型湿地面积大小、构成比例、各行政区内湿地类型等。结合黄河流域背景特点，分析总结黄河流域湿地变化原因，其中重点考虑人为干扰强度。

4.2　湿地类型与斑块数量

4.2.1　按照水文特征划分湿地

按照黄河湿地水文特征，可将黄河湿地分为源头沼泽湿地、河滨洲滩湿地、河中岛屿型湿地和河口湿地四种类型。其中，源头沼泽湿地指黄河源头自然形成的浅滩沼泽湿地。河滨洲滩湿地指空间上与主河道相伴的漫滩和泛洪区湿地。河中岛屿型湿地是指黄河河道冲淤演变过程在河道中间形成的岛屿型湿地，主要分布于河道上游。河口湿地是介于陆地和海洋生态系统之间复杂的自然综合体，是海平面以下 6 m 至大潮高潮位之上与外流江河流域相连的微咸水和淡浅水湖泊、沼泽及相应河段间的区域，包括潮上带淡水湿地、潮间带滩涂湿地、潮下带近海湿地和河口沙洲离岛湿地四个子系统。四种黄河湿地类型的面积及斑块数量统计见表 4.1、图 4.1 和图 4.2。

表 4.1　黄河湿地类型的面积及斑块数量统计表

类型	面积/hm²	面积占比/%	斑块数量/个	斑块数量占比/%
河滨洲滩湿地	190769.2	81.0	11663	85.9
河口湿地	29785.9	12.7	434	3.2
河中岛屿型湿地	8478.5	3.6	887	6.5
源头沼泽湿地	6386.3	2.7	592	4.4
总计	235419.9	100.00	13576	100

由表 4.1 可知，从面积上看，四类湿地面积大小顺序为河滨洲滩湿地>河口湿地>河中岛屿型湿地>源头沼泽湿地；从斑块数量上看，四类湿地斑块数量由多到少顺序为河滨洲滩湿地>河中岛屿型湿地>源头沼泽湿地>河口湿地。其中，河滨洲滩湿地面积最大、斑块数量最多；河口湿地面积次之、斑块数量最少；源头沼泽湿地面积最小、斑块数量较少。由图 4.1 和图 4.2 可知，从面积比例上看，黄河

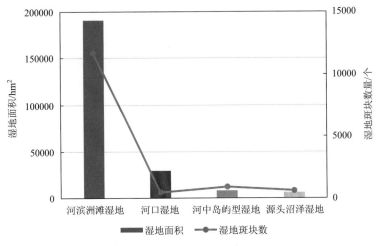

图 4.1　黄河湿地类型的面积及斑块数量统计图

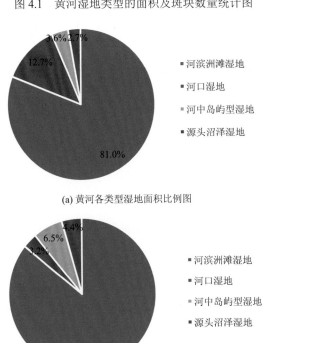

(a) 黄河各类型湿地面积比例图

(b) 黄河各类型湿地斑块数量比例图

图 4.2　黄河湿地面积、斑块数量比例图

湿地以河滨洲滩湿地为主,河滨洲滩湿地面积为 190769.2 hm²,其面积占比超过黄河湿地总面积的 80%,共有斑块数量 11663 个,远远超过其他三类湿地斑块的

数量；河口湿地共 29785.9 hm²，面积仅次于河滨洲滩湿地，占整个黄河流域湿地总面积的 12.7%，但斑块数量最少，仅有 434 个，未超过河中岛屿型湿地斑块数量的 50%；河中岛屿型湿地面积 8478.5 hm²，源头沼泽湿地面积 6386.3 hm²，河中岛屿型湿地与源头沼泽湿地两种类型总面积不超过黄河流域湿地总面积的 7%，斑块数量分别为 887 个、592 个。

4.2.2　按照空间位置划分湿地

按照黄河水利委员会的河段划分方案，从黄河源头到内蒙古自治区托克托县河口村为黄河上游，从河口村至河南郑州桃花峪为黄河中游，从桃花峪到渤海入海口为黄河下游，其次单独区分黄河源头段、河口段。由图 4.3 可见，湿地面积由大到小依次为黄河上游>黄河中游>黄河河口>黄河下游>黄河源头；斑块数量由大到小依次为黄河上游>黄河中游>黄河下游>黄河河口>黄河源头。具体地，由表 4.2 及图 4.4 可见，黄河上游河段较长，流域面积大，湿地面积最大，并且湿地斑块数量最多，高达 9284 个，面积为 143805.7 hm²，占整个黄河流域湿地面积的 61.1%；黄河中游和黄河下游湿地面积相差较小，湿地面积分别为 36152.1 hm²、24125.8 hm²，黄河中游湿地破碎化比下游严重，斑块数量为 2393 个，占总斑块数量的 17.6%，而黄河下游斑块数量为 1356 个，占总斑块数量的 10.0%；黄河河口和源头的湿地分布差异较大，河口湿地面积大，在河口处有约 3 万 hm² 的湿地，占黄河流域总湿地面积的 12.6%，而源头的湿地面积较小，为 1550.4 hm²，仅占黄河湿地总面积的不到 1%。

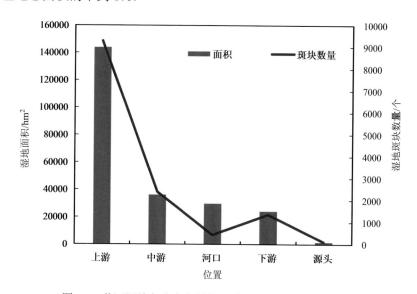

图 4.3　黄河湿地各分布位置的湿地面积及斑块数量统计图

表 4.2　黄河湿地各分布位置的湿地面积及斑块数量统计表

位置	面积/hm²	面积占比/%	斑块数量/个	斑块数量占比/%
上游	143805.7	61.1	9284	68.4
中游	36152.1	15.4	2393	17.6
河口	29785.9	12.6	434	3.2
下游	24125.8	10.2	1356	10.0
源头	1550.4	0.7	109	0.8

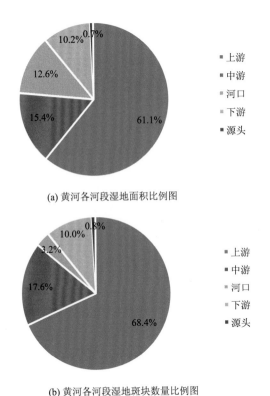

(a) 黄河各河段湿地面积比例图

(b) 黄河各河段湿地斑块数量比例图

图 4.4　黄河湿地各分布位置的湿地面积及斑块数量比例图

4.2.3　按照行政区统计湿地

　　湿地是黄河流域生态系统的重要组成部分，分布于黄河源头及上游的湿地在调节黄河径流、维护生态安全等方面更是具有重要作用，因此对于湿地面积及数量的统计涵盖自源头至入海口整个黄河流域，包括青海省、甘肃省、四川省、宁夏回族自治区、内蒙古自治区、陕西省、山西省、河南省、山东省共 9 个省级行政区，黄河湿地在各个省级行政区划的面积及斑块数量统计见表 4.3、图 4.5 和图 4.6。

表 4.3   黄河湿地各分布省份的面积及斑块数量统计表

省份	面积/hm²	面积占比/%	斑块数量/个	斑块数量占比/%
青海省	58511.2	24.9	4260	31.4
四川省	7280.0	3.1	463	3.4
甘肃省	33201.4	14.1	2011	14.8
宁夏回族自治区	9477.2	4.0	373	2.7
内蒙古自治区	37951.5	16.1	2410	17.8
陕西省	13325.2	5.7	1021	7.5
山西省	19167.8	8.1	900	6.6
河南省	13181.2	5.6	783	5.8
山东省	43324.4	18.4	1355	10.0

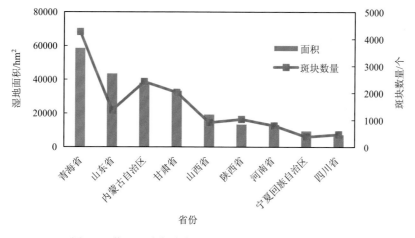

图 4.5   黄河湿地各分布省份的面积及斑块数量统计图

由表 4.3 可知，从面积大小上看，各省级行政单位内，黄河湿地按照总面积大小排序为青海省>山东省>内蒙古自治区>甘肃省>山西省>陕西省>河南省>宁夏回族自治区>四川省；从斑块数量上看，各省级行政单位内湿地大小排序为青海省>内蒙古自治区>甘肃省>山东省>陕西省>山西省>河南省>四川省>宁夏回族自治区。其中，分布在青海省的湿地面积最大，面积 58511.2 hm²，斑块数量也最多，达到 4260 个；四川省的湿地面积最小，面积为 7280.0 hm²，斑块数量也较少，数量为 463 个。

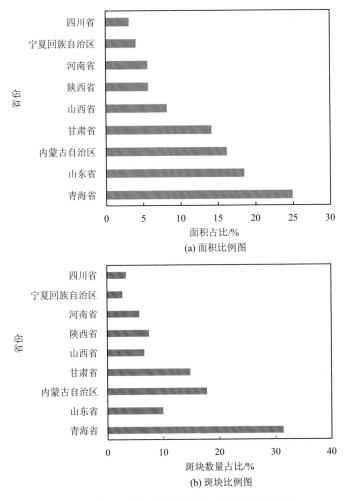

图 4.6 各省份黄河湿地面积、斑块数量比例图

由图 4.5 和图 4.6 可知,从面积比例上看,黄河湿地在各省份之间分布并不均匀,分布在青海省、山东省、内蒙古自治区、甘肃省 4 省份的面积超过 70%,其中分布在青海省的湿地面积最大,约占黄河流域湿地总面积的 1/4;其次是山东省,湿地面积为 43324.4 hm²,斑块数量为 1355 个,占湿地总面积的 18.4%;内蒙古自治区和甘肃省的湿地面积分别为 37951.5 hm²、33201.4 hm²,分别占黄河湿地总面积的 16.1%、14.1%;分布在山西省、陕西省、河南省、宁夏回族自治区和四川省 5 省份的总面积比例低于 30%,其中四川省的黄河湿地面积比例仅为 3.1%,宁夏回族自治区、河南省、陕西省、山西省的面积占比分别为 4.0%、5.6%、5.7%、8.1%,面积分别为 9477.2 hm²、13181.2 hm²、13325.2 hm²、19167.8 hm²。从斑块数量上看,除山东省面积相对较大而斑块数量相对较少外,其余省份斑块数量与

面积比例基本保持一致。

　　流域内各省份内部黄河湿地面积和分布状况也表现出较大差异性。黄河湿地在各个省级行政区内部的面积大小及斑块数量、占比统计见表 4.4。由表 4.4 可知，自源头至入海口，黄河湿地在青海省分布在玉树藏族自治州、果洛藏族自治州、海南藏族自治州和海东 4 市，在四川省分布在阿坝藏族羌族自治州，在甘肃省分布在甘南藏族自治州、临夏回族自治州、兰州、白银 4 市，在宁夏回族自治区则分布在中卫、吴忠、银川、石嘴山 4 市，在内蒙古自治区分布在阿拉善盟、乌海、巴彦淖尔、鄂尔多斯、包头、呼和浩特 6 市，在陕西省分布在榆林、延安、渭南 3 市，在山西省分布在吕梁、忻州、临汾、运城 4 市，在河南省分布在三门峡、洛阳、焦作、郑州、新乡、开封、濮阳 7 市，在山东省分布在菏泽、济宁、泰安、聊城、济南、德州、滨州、淄博、东营 9 市。

表 4.4　黄河湿地各省份市级行政区分布面积、斑块数量及占比统计表

省级行政区	市级行政区	面积/hm²	面积占比/%	斑块数量/个	斑块数量占比/%
青海省	玉树藏族自治州	1554.4	2.7	111	2.6
	果洛藏族自治州	43412.5	74.2	3368	79.1
	海南藏族自治州	12973.3	22.1	676	15.9
	海东市	571.0	1.0	105	2.4
四川省	阿坝藏族羌族自治州	7280	100	463	100
甘肃省	甘南藏族自治州	31774.1	95.7	1779	88.5
	临夏回族自治州	4.6	0.0	3	0.2
	兰州市	229.7	0.7	31	1.5
	白银市	1193.0	3.6	198	9.8
宁夏回族自治区	中卫市	2156.0	22.7	116	31.1
	吴忠市	782.0	8.3	90	24.1
	银川市	3161.9	33.4	109	29.2
	石嘴山市	3377.2	35.6	58	15.6
内蒙古自治区	阿拉善盟	927.5	2.4	40	1.7
	乌海市	1649.6	4.3	48	2.0
	巴彦淖尔市	2983.4	7.9	293	12.1
	鄂尔多斯市	19338.0	51.0	1220	50.6
	包头市	11872.1	31.3	682	28.3
	呼和浩特市	1180.9	3.1	127	5.3
陕西省	榆林市	2017.2	15.1	346	33.9
	延安市	945.2	7.1	170	16.6
	渭南市	10362.8	77.8	505	49.5

续表

省级行政区	市级行政区	面积/hm²	面积占比/%	斑块数量/个	斑块数量占比/%
山西省	吕梁市	3535.7	18.4	280	31.1
	忻州市	2713.3	14.2	202	22.5
	临汾市	1406.8	7.3	136	15.1
	运城市	11512.0	60.1	282	31.3
河南省	三门峡市	1333.6	10.1	236	30.1
	洛阳市	122.5	0.9	6	0.8
	焦作市	976.1	7.4	105	13.4
	郑州市	4170.2	31.7	137	17.5
	新乡市	1526.5	11.6	98	12.5
	开封市	4404.4	33.4	109	13.9
	濮阳市	648.0	4.9	92	11.8
山东省	菏泽市	6032.9	13.9	234	17.3
	济宁市	836.1	1.9	67	5.0
	泰安市	549.8	1.3	55	4.1
	聊城市	520.4	1.2	67	4.9
	济南市	2750.7	6.3	234	17.3
	德州市	877.9	2.0	106	7.8
	滨州市	929.5	2.2	94	6.9
	淄博市	49.1	0.1	3	0.2
	东营市	30778.0	71.1	495	36.5

由图 4.7～图 4.9 可知，青海省内部黄河湿地按照面积大小排序依次为果洛藏族自治州、海南藏族自治州、玉树藏族自治州、海东市。其斑块数量基本与面积大小呈正相关关系，其中果洛藏族自治州面积占比超过 70%，黄河湿地面积达43412.5 hm²，湿地斑块数量为 3368 个；海南藏族自治州内黄河湿地面积次之，占青海省湿地总面积的 22.1%，面积为 12973.3 hm²；玉树藏族自治州和海东市湿地面积较小，斑块数量也较少，湿地面积、斑块数量占比合计不超过青海省湿地占比的 5%。

由图 4.10、图 4.11 和图 4.12 可知，甘肃省内部黄河湿地按照面积大小排序依次为甘南藏族自治州、白银市、兰州市、临夏回族自治州。其中，甘南藏族自治州湿地面积较大，斑块数量也较多，面积为 31774.1 hm²，达甘肃湿地总面积的95.7%，斑块数量 1779 个，占总斑块数量的 88.5%；白银市湿地面积次之，但斑块数量较多，显示出白银湿地破碎化相对严重，面积占比为 3.6%，其斑块数量占比已经达到 9.8%，共计 198 个斑块。

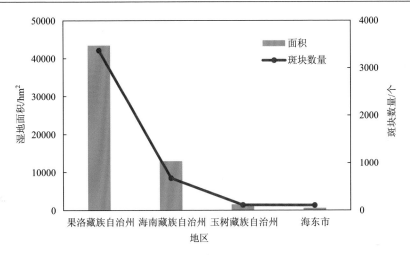

图 4.7　青海省湿地面积、斑块数量统计图

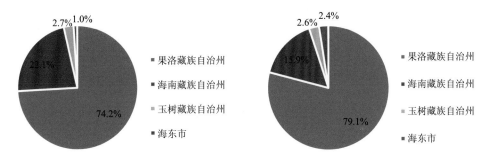

图 4.8　青海省黄河湿地面积比例图　　图 4.9　青海省黄河湿地斑块数量比例图

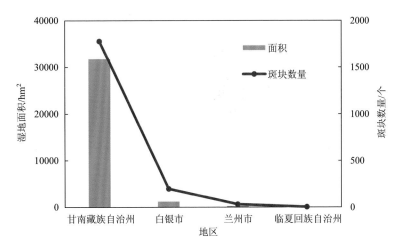

图 4.10　甘肃省湿地面积、斑块数量统计图

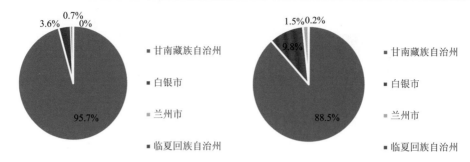

图 4.11　甘肃省黄河湿地面积比例图　　　图 4.12　甘肃省黄河湿地斑块数量比例图

　　由图 4.13~图 4.15 可知，宁夏回族自治区内部黄河湿地按照面积大小排序依次为石嘴山市、银川市、中卫市、吴忠市，分别为 3377.2 hm²、3161.9 hm²、2156.0 hm²、782.0 hm²，除吴忠市面积占比为 8.3% 外，石嘴山市、银川市、中卫市湿地面积和斑块数量情况较为接近，面积占比分别为 35.6%、33.4%、22.7%；其中中卫市湿地斑块数量最多，达 116 个，银川市次之，斑块数量为 109 个，两市的湿地破碎化情况较为严重。

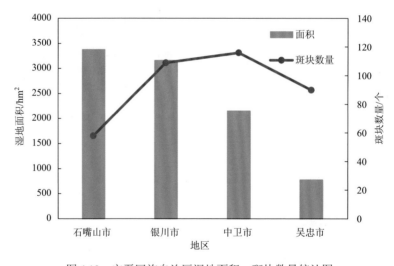

图 4.13　宁夏回族自治区湿地面积、斑块数量统计图

　　由图 4.16~图 4.18 可知，内蒙古自治区内部黄河湿地按照面积大小排序依次为鄂尔多斯市、包头市、巴彦淖尔市、乌海市、呼和浩特市、阿拉善盟。其中，鄂尔多斯市和包头市的湿地面积较大，斑块数量也较多，两者占整个内蒙古湿地面积的 82.3%，面积分别为 19338.0 hm²、11872.1 hm²，斑块数分别为 1220 个、682 个；阿拉善盟湿地面积最小，仅为 927.5 hm²，占内蒙古黄河湿地面积的 2.4%；此外，巴彦淖尔市、乌海市、呼和浩特市的黄河湿地面积占比相对接近，分别为

图 4.14　宁夏回族自治区黄河湿地面积比例图　图 4.15　宁夏回族自治区黄河湿地斑块数量比例图

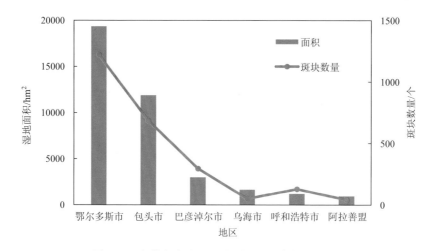

图 4.16　内蒙古自治区湿地面积、斑块数量统计图

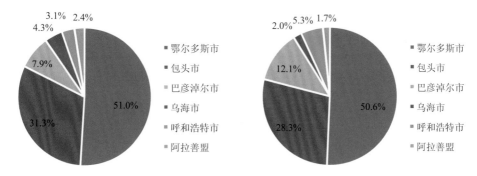

图 4.17　内蒙古自治区黄河湿地面积比例图　图 4.18　内蒙古自治区黄河湿地斑块数量比例图

7.9%、4.3%、3.1%。从斑块数量上看，鄂尔多斯市湿地破碎化最严重，湿地斑块数量占比达 50.6%。

由图 4.19～图 4.21 可知，陕西省内部黄河湿地按照面积大小排序依次为渭南市、榆林市、延安市。其中，渭南市湿地面积为 10362.8 hm²，达陕西省湿地总面积的 77.8%，斑块数量 505 个，占总斑块数量的 49.5%，湿地斑块数量较多；榆林市、延安市的湿地情况较接近，面积相对较小，湿地破碎化情况较严重，湿地面积分别为 2017.2 hm^2、945.2 hm^2，占比分别为 15.1%、7.1%，斑块数量分别为 346 个、170 个，占比达到 33.9%、16.6%。

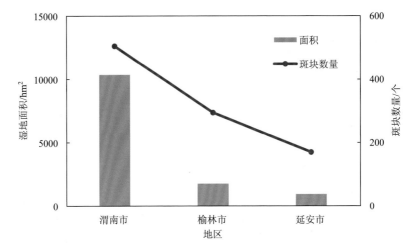

图 4.19　陕西省湿地面积、斑块数量统计图

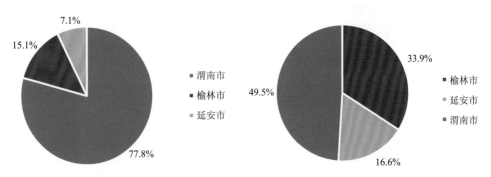

图 4.20　陕西省黄河湿地面积比例图　　　　图 4.21　陕西省黄河湿地斑块数量比例图

　　由图 4.22～图 4.24 可知，山西省内部黄河湿地按照面积大小排序依次为运城市、吕梁市、忻州市、临汾市。其中，运城市湿地面积为 11512.0 hm^2，达山西省湿地总面积的 60.1%，斑块数量为 282 个，占总斑块数量的 31.3%，湿地斑块数量较多；吕梁市、忻州市、临汾市的湿地情况较接近，面积相对较小，湿地破碎化情况较严重，湿地面积分别为 3535.7 hm^2、2713.3 hm^2、1406.8 hm^2，占比分别为 18.4%、14.2%、7.3%，斑块数量占比分别达到 31.1%、22.5%、15.1%。

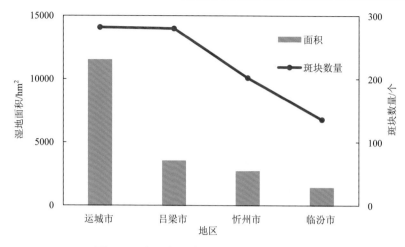

图 4.22　山西省湿地面积、斑块数量统计图

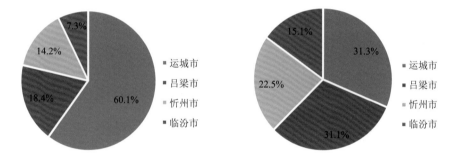

图 4.23　山西省黄河湿地面积比例图　　　　　图 4.24　山西省黄河湿地斑块数量比例图

由图 4.25～图 4.27 可知，河南省内部黄河湿地按照面积大小排序依次为开封市、郑州市、新乡市、三门峡市、焦作市、濮阳市、洛阳市。开封市、郑州市、新乡市湿地占河南省湿地总面积超过 75%，面积分别为 4404.4 hm²、4170.2 hm²、1526.5 hm²，分别占 33.4%、31.7%、11.6%，其中郑州市湿地斑块最多，为 137 个，占总斑块数量的 17.5%；三门峡市、焦作市、濮阳市湿地面积占比分别为 10.1%、7.4%、4.9%；值得注意的是，三门峡市湿地斑块数量最多，达 236 个，是河南省湿地破碎化最为严重的地区；洛阳市湿地面积占比最小，仅为 0.9%，斑块数量也最少，占比也接近 1%。

由图 4.28～图 4.30 可知，山东省内部黄河湿地按照面积大小排序依次为东营市、菏泽市、济南市、滨州市、德州市、济宁市、泰安市、聊城市、淄博市。东营市湿地面积最大，达 30778.0 hm²，占山东省湿地总面积的 71.1%，湿地斑块数量占山东省斑块总数量的 36.5%；淄博市湿地面积最小，为 49.1 hm²，斑块数仅

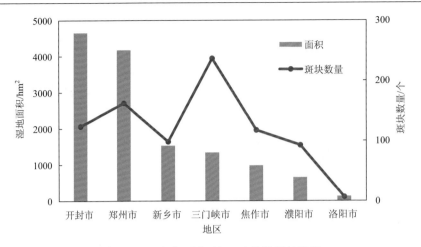

图 4.25　河南省湿地面积、斑块数量统计图

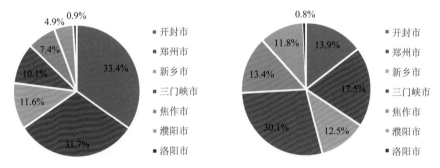

图 4.26　河南省黄河湿地面积比例图　　　　　　图 4.27　河南省黄河湿地斑块数量比例图

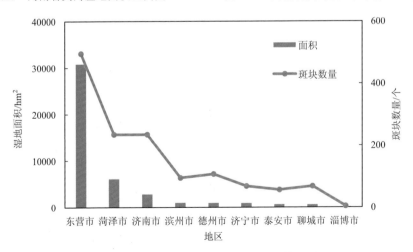

图 4.28　山东省湿地面积、斑块数量统计图

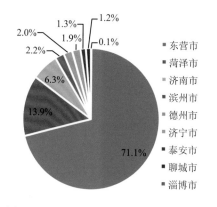
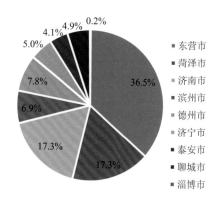

图 4.29　山东省黄河湿地面积比例图　　　图 4.30　山东省黄河湿地斑块数量比例图

为 3。总体上看，山东省各市湿地破碎化较为严重，其中，济南市和德州的破碎化最为严重；济南市湿地面积占比仅为 6.3%，但湿地斑块达到 234 个，占湿地斑块总数的 17.3%；德州市湿地面积为 877.9 hm^2，面积占比仅为 2.0%，其湿地斑块数量达到 106 个，占湿地斑块总数的 7.8%。

4.3　湿地分布与空间格局

4.3.1　黄河流域湿地总体分布格局

黄河流域地处东经 95°53′E～119°05′E，北纬 32°10′N～41°50′N 之间，西起巴颜喀拉山，东临渤海，北抵阴山，南达秦岭，地势西高东低（孙永军，2008），年平均气温为 7.2℃，年均降水量为 530 mm，流域面积约 79.5×10^4 km^2，内流区面积为 4.2×10^4 km^2，外流区面积为 75.3×10^4 km^2，作为中国第二大河，干流全长 5464 km，支流数量众多（黄翀等，2012），湿地资源丰富。

黄河从上游到下游依次经过青海省、四川省、甘肃省、宁夏回族自治区、内蒙古自治区、陕西省、山西省、河南省和山东省，源头、河口、上游、中游、下游等不同河段处在不同的气候、土壤、水文、生物、地形等环境条件下，形成河中岛屿型湿地、河滨洲滩湿地、河口湿地、源头沼泽湿地四种湿地类型，并形成了不同的空间分布特征，源头沼泽湿地以植被为主，河滨洲滩湿地、河中岛屿型湿地内以水体、植被为主，而靠近下游的河口湿地以泥沙为主。

4.3.2　黄河源头沼泽湿地分布格局

黄河源头沼泽湿地空间位置和总体分布格局如图 4.31 和图 4.32 所示。黄河

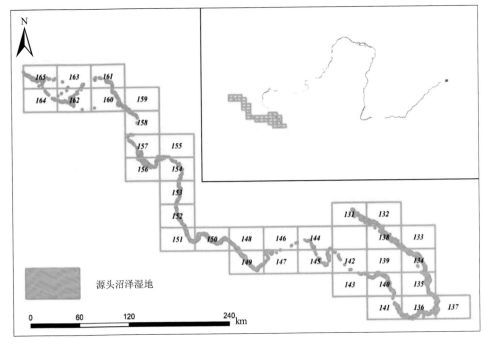

图 4.31　黄河源头沼泽湿地

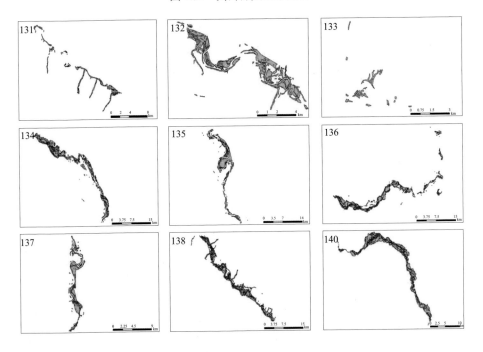

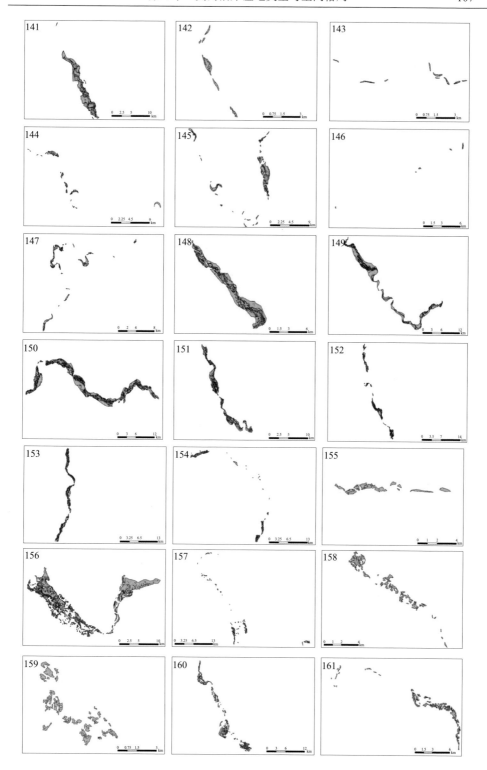

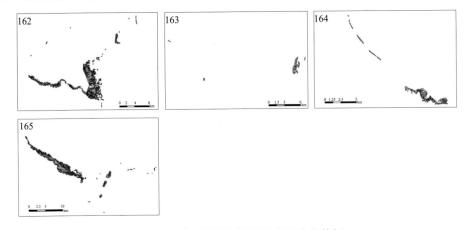

图 4.32　黄河源头沼泽湿地空间分布特征

源头沼泽湿地地处青藏高原东部腹地,海拔多在 4300～4800 m(吴玉虎,2003)。黄河源区河湖众多,有"中华水塔"之称。黄河源区大小湖泊星罗棋布,现有湖泊 2000 多个,源头沼泽湿地分布较广、面积较大。由图 4.32 可知,黄河源头沼泽湿地大都在空间上连片分布,但也出现明显退化,由其中的 142、143、147、154、163 等分幅图可以看出,黄河源区部分河段有断流现象,进而影响河口湿地分布特征,源头沼泽湿地趋于破碎化和多样化,尤其是图 4.32 中的 158、159 等分幅图中湿地斑块数量较多,湿地破碎化严重。

4.3.3　黄河河滨洲滩湿地分布格局

黄河河滨洲滩湿地空间位置和总体分布格局如图 4.33 和图 4.34 所示。黄河河滨洲滩湿地位于黄河中游,属于暖温带大陆性湿润气候,跨越干旱区、半干旱区,海拔较高,为内蒙古高原、黄土高原区。由于该区水利枢纽广布,加上独特的水沙条件,与其他三类黄河湿地相比,河滨洲滩湿地面积最大、分布最广。由图 4.34 可知,河滨洲滩湿地斑块形状多样,包括狭长型、成片型及破碎型,其中的 45～49 分幅图中显示为典型的狭长型,为黄河干流河滨洲滩湿地。图 4.34 中的 77、79、101 分幅图中显示为典型的破碎型,是湖泊湿地受较强人为干扰后,向陆生生态系统方向演化而形成。

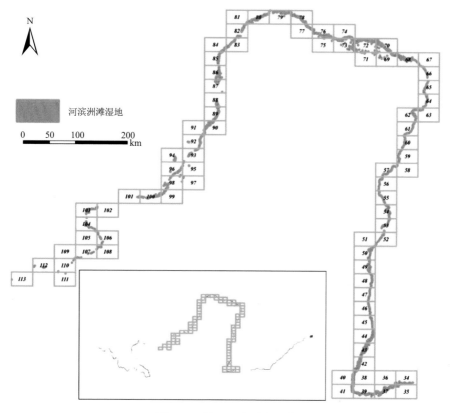

图 4.33　黄河河滨洲滩湿地

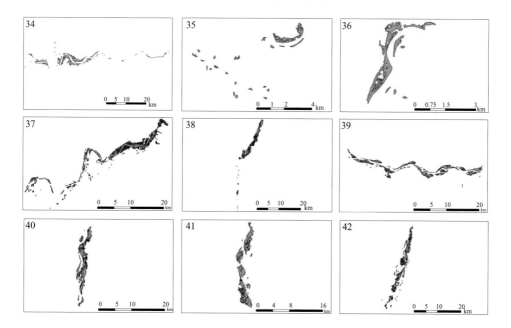

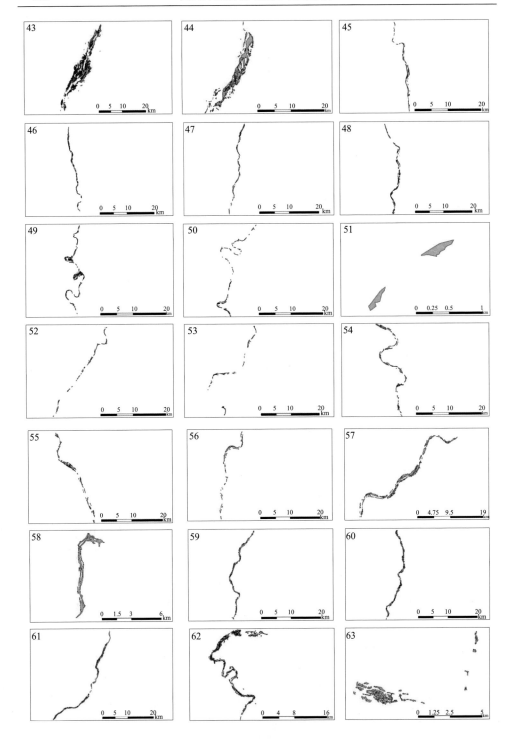

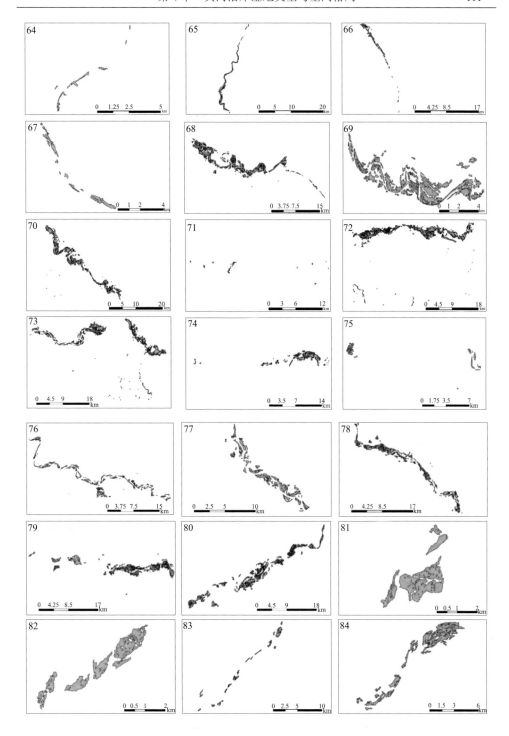

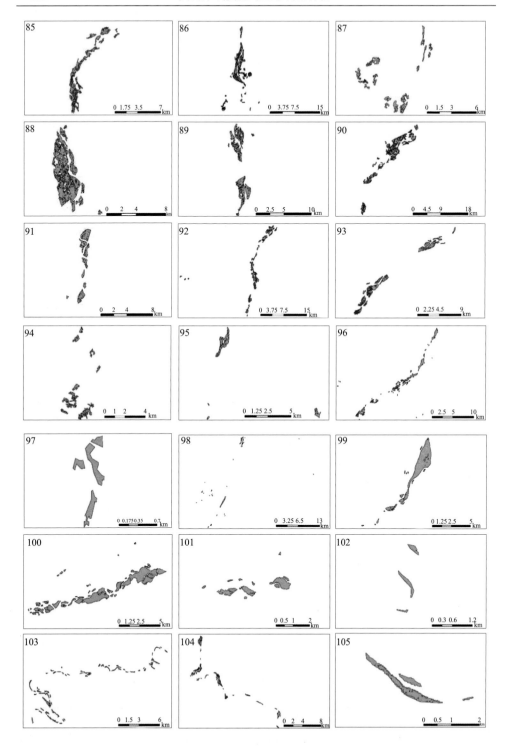

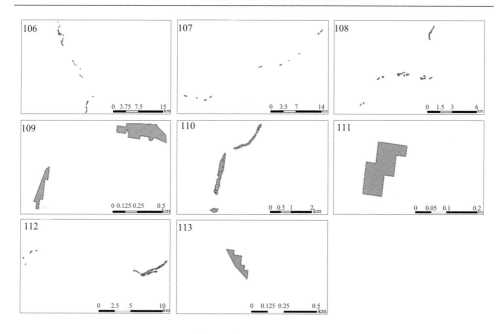

图 4.34　黄河河滨洲滩湿地空间分布特征

4.3.4　黄河河中岛屿型湿地分布格局

黄河河中岛屿型湿地空间位置和总体分布格局如图 4.35 和图 4.36 所示。上游

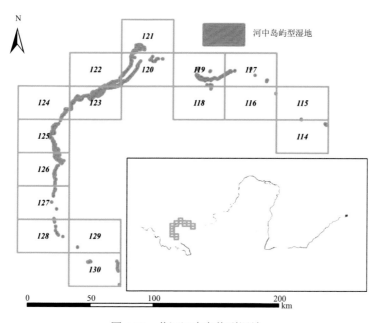

图 4.35　黄河河中岛屿型湿地

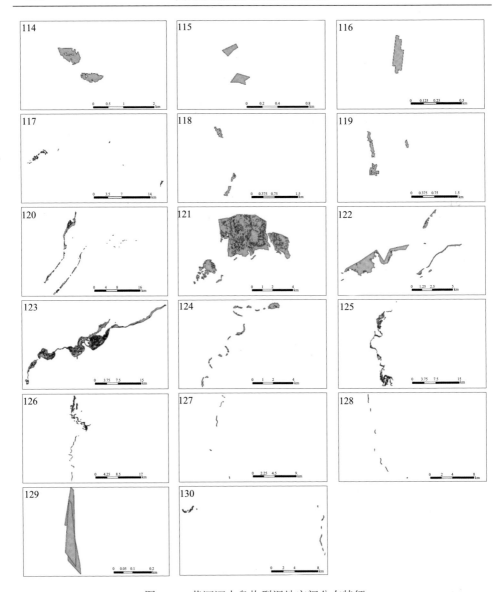

图 4.36　黄河河中岛屿型湿地空间分布特征

区河道漫长，支流发育，河道摆动剧烈，形成众多的河中岛屿型湿地。黄河河中岛屿型湿地个体面积相对较小，湿地斑块分布相对集中，空间格局呈相对连续分布的态势。

4.3.5　黄河河口湿地分布格局

黄河河口湿地空间位置和总体分布格局如图 4.37 和图 4.38 所示。黄河河口湿地地处暖温带，年平均气温为 12.5℃，年降水量大于 600 mm，经济相对发达。下游区大部分为宽浅游荡型河道，由于黄河携带大量泥沙进入下游，加上河道摆动频繁，在堤防等边界条件的约束下，形成黄河特有的河口三角洲湿地，并且黄河巨量泥沙的淤积和不断造陆（王延贵等，2011），在河口三角洲地区形成了丰富的滨海湿地资源。河口湿地分布于沿海带，人口众多，由图 4.38 中的 24、25、26、28、31 分幅图可知，河口湿地与其他 3 类湿地相比，湿地斑块破碎化最严重，受人为干扰最强烈。

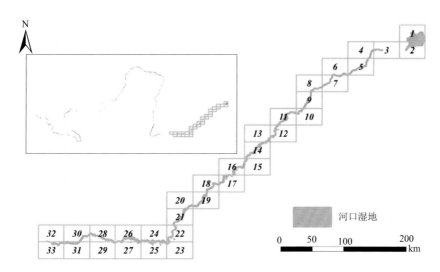

图 4.37　黄河河口湿地

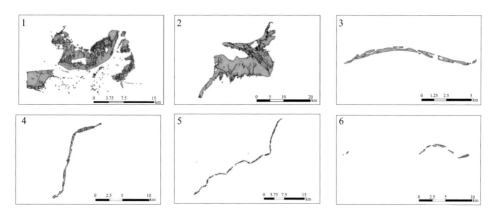

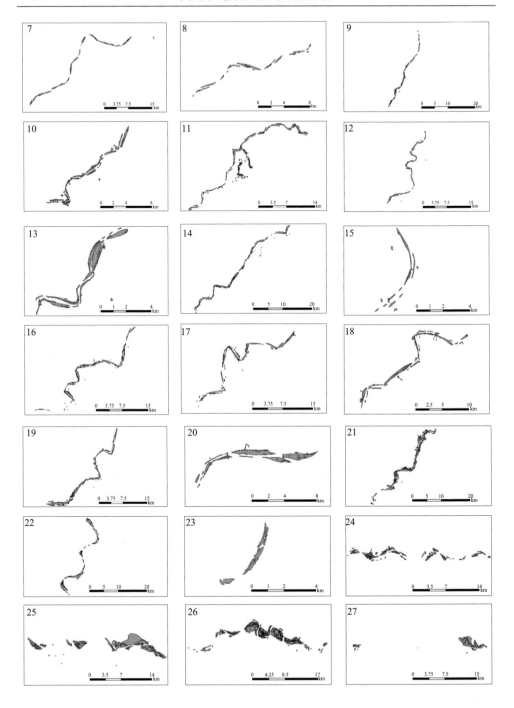

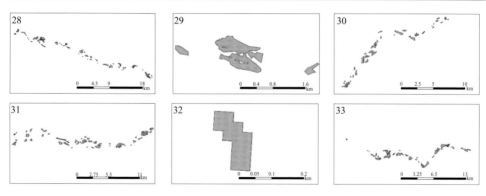

图 4.38　黄河河口湿地空间分布特征

4.4　人类活动干扰与问题分析

4.4.1　人类活动干扰总体情况

黄河流域是中华民族的发祥地，曾造就了灿烂的中国古代文明。由于地处生态环境脆弱带，且随着社会经济的发展，人类活动加剧，黄河流域的湿地环境恶化日趋严重（徐新良等，2008）。将黄河湿地按照人为干扰强弱程度分为极强、强、中、弱、无人为干扰 5 个等级，统计结果如表 4.5、图 4.39 至图 4.41 所示。

表 4.5　黄河湿地受人为干扰情况统计表

人类活动干预		面积/hm²	面积占比/%	斑块数量/个	斑块数量占比/%
有	极强	19449.3	8.3	1022	7.5
	强	63624.9	27.0	2474	18.2
	中	34097.2	14.5	1470	10.8
	弱	34019.6	14.5	2075	15.3
	总计	151191.0	64.2	7041	51.9
无	总计	84228.8	35.8	6535	48.1

由表 4.5 可知，黄河湿地受人为干扰程度较强。受人类活动干扰的黄河湿地面积远大于未受人类干扰的黄河湿地面积，受人类干扰总面积达 151191.0 hm²，占黄河湿地总面积的 64.2%，受干扰湿地斑块 7041 个，占总斑块数量的 51.9%；其中，受人类干扰程度较强的湿地面积超过 35%，受干扰极强的湿地面积为 19449.3 hm²，受人类干扰强的湿地面积为 63624.9 hm²，斑块数量分别为 1022 个、2474 个；受人类干扰程度为中和弱的湿地面积大小接近，湿地面积分别为 34097.2 hm²、34019.6 hm²，面积占比为 14.5%、14.5%；但受干扰较弱的湿地斑块数量较多，

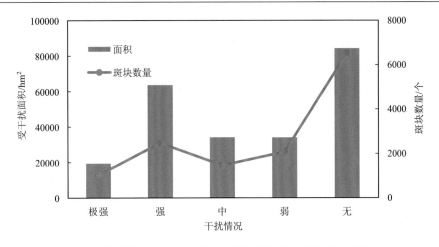

图 4.39　黄河湿地受人为干扰总体情况及面积、斑块数量统计图

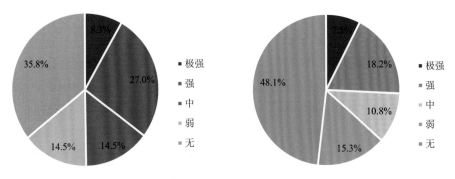

图 4.40　黄河湿地受人为干扰情况
总体面积统计图

图 4.41　黄河湿地受人为干扰情况
斑块数量占比统计图

为 2075 个，受干扰为中的湿地斑块数量较少，为 1470 个。另外，值得注意的是，由图 4.39、图 4.40 和图 4.41 可知，受人类干扰的黄河湿地中，受干扰等级为强的湿地斑块数量最多，面积占比也最大；受人类干扰极强的湿地斑块数量最少，面积也最小。

4.4.2　黄河流域湿地受人为干扰的类型差异

不同类型的黄河湿地受人为干扰情况统计汇总如表 4.6、图 4.42。由表 4.6、图 4.42 可知，受人为干扰的湿地中，最严重的黄河湿地类型为河滨洲滩湿地，有 17019.5 hm² 的河滨洲滩湿地受极强的人为干扰，有 32941.9 hm² 受强的人为干扰，有 33134.0 hm² 受中度人为干扰，有 30757.0 hm² 受轻度人为干扰；其次是河口湿地，有 29785.9 hm² 的河口湿地受到强的人为干扰，受干扰斑块数量达到 434 个；河中岛屿型湿地中，有 2429.8 hm² 受极强的人为干扰，有 897.1 hm² 受强的人为干扰，有 963.2 hm² 受中度人为干扰，有 2323.6 hm² 受轻度人为干扰；黄河源头沼泽湿地受人为干扰相对最弱，有 939.0 hm² 受轻度人为干扰，受干扰斑块 58 个。

表 4.6　受人为干扰影响的黄河湿地类型情况统计表

人类活动干预		类型	面积/hm²	面积占比/%	斑块数量/个	斑块占比/%
有	极强	河滨洲滩湿地	17019.5	87.5	896	87.7
		河中岛屿型湿地	2429.8	12.5	126	12.3
		总计	19449.3	100.0	1022	100.0
	强	河滨洲滩湿地	32941.9	51.8	1925	77.8
		河口湿地	29785.9	46.8	434	17.5
		河中岛屿型湿地	897.1	1.4	115	4.6
		总计	63624.9	100.0	2474	100.0
	中	河滨洲滩湿地	33134.0	97.2	1333	90.7
		河中岛屿型湿地	963.2	2.8	137	9.3
		总计	34097.2	100.0	1470	100.0
	弱	河滨洲滩湿地	30757.0	90.4	1840	91.3
		河中岛屿型湿地	2323.6	6.8	117	5.8
		源头沼泽湿地	939.0	2.8	58	2.9
		总计	34019.6	100.0	2015	100.0
无		河滨洲滩湿地	76916.8	91.3	5669	86.7
		河中岛屿型湿地	1864.7	2.2	332	5.1
		源头沼泽湿地	5447.3	6.5	534	8.2
		总计	84228.8	100.0	6535	100.0

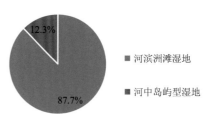

(a) 受干扰极强-湿地面积占比　　　　　　　(b) 受干扰极强-湿地斑块数量占比

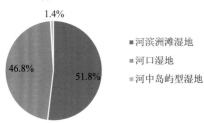

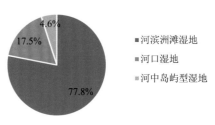

(c) 受干扰强-湿地面积占比　　　　　　　　(d) 受干扰强-湿地斑块数量占比

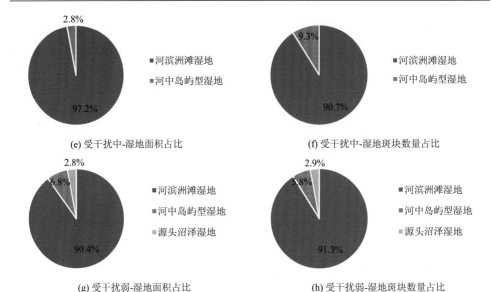

图 4.42　受人为干扰影响的黄河湿地各类型面积、斑块比例图

不受人为干扰的湿地中包括河滨洲滩湿地，以及少部分的河中岛屿型湿地和源头沼泽湿地。具体地，共计有 76916.9 hm² 、5669 个斑块的河滨洲滩湿地未受人类干扰，有 1864.7 hm² 的河中岛屿型湿地、5447.3 hm² 的源头沼泽湿地未受人类干扰。

4.4.3　黄河流域湿地受人为干扰影响因素及原因分析

黄河湿地的人为影响因素包括采矿、修路等对湿地环境产生明显影响的人类活动。人为因素是外因，是明显的，起着加速和强化湿地演化的作用。例如，位于黄河上游的若尔盖湿地是我国面积最大、分布最为集中的泥炭沼泽湿地，然而目前正以惊人速度退化。20 世纪以来，若尔盖湿地 17 个湖泊中有 6 个全部干涸，其余 11 个出现不同程度的萎缩，减少面积达 842 hm²，减幅达 38.9%（雍国玮等，2003）。

1. 矿产资源、油田开采对湿地变化的影响

黄河源区有砂金、泥炭、池盐和石膏等多种矿产，早期小规模手工开采、淘金等活动尚在生态环境承载力范围内，但随着经济发展，需求量增加，以及机械化、大规模采矿活动的进行，当地的生态环境已经受到明显影响。其对湿地环境的直接影响表现为：在自然状态下，河流的侵蚀和堆积处于一种动态平衡状态，而露天开采却打破了这种平衡。人工岸坡引起的塌方、松散物质进入河流使河流

含沙量增加，加快了河床湖泊淤积速度，甚至矿渣堆积直接堵塞了河道使河道原形尽失，水流四散。对于依赖河流补给的沼泽湖泊，切断水源或补给量急剧下降会导致其萎缩、干枯。开采活动还会破坏地下含水层结构，使其水力学性质发生改变。如在砂金选矿过程中细粒物质被分离流失，留在原地的是粗颗粒卵石等，孔隙度、渗透系数增加，机械碾压却使含水层发生新的密实作用，减小了含水层的孔隙度和出水能力，改变了地表水和地下水的联系，导致采矿地区和邻近地区水位下降，邻近的湖沼必然受到影响而逐渐萎缩干枯（张森琦，2002）。

黄河河口湿地是我国第二大油田——胜利油田所在地，自然资源丰富，地理位置优越，是我国重要的石油、天然气工业基地。上游过境河流较多，加之胜利油田大量落地原油、钻井废水和泥浆通过雨水的冲刷而排到河流中，导致大部分黄河河口湿地受到不同程度的污染，湿地面积大量减少，海平面上升和海岸蚀退，生物多样性下降，水质富营养化等逐渐严重，最终严重削弱了湿地生态功能。

2. 城镇道路建设对湿地环境的影响

城镇道路建设用地不断增加，这对湿地环境也会产生不利影响。如筑路时路基开挖压实破坏含水层结构，形成人工隔水层，降低地表水渗透量；沿路的排水渠使地表水快速流失，地下水快速疏干，从而造成邻近地区湿地水源补给危机。

3. 水利工程对湿地的影响

20 世纪 60 年代以后，随着经济发展，黄河源区水利工程不断增加，仅黄河干流上修建的大型水利枢纽工程就多达 4 处，黄河的支流大通河上大小电站有19 座之多。水电站的建设，调节了黄河水沙运行，洪峰流量大幅度削减，下泄流量趋于均匀（叶青超，1994）。但同时严重干扰河流的天然状态，对湿地环境产生消极影响。如水库的调蓄降低了水库下游河道的输沙能力，下游河槽会发生淤积抬升、地下水位下降等。

第 5 章　黄河与沿岸文化资源

中华文明源远流长，寻其根脉是黄河文化。蓝田人、河套人、山顶洞人等早期人类生活在黄河之畔并逐步进入文明社会，华夏始祖"三皇五帝"的活动范围主要集中在黄河流域，在我国五千多年文明史上，全国政治、经济、文化的中心有三千多年位于这一流域，奠定了黄河"百川之首""四渎之实宗"极其崇高而神圣的地位。

黄河作为中华民族的"母亲河"，不仅是中华民族生生不息、蓬勃兴盛的重要象征，更是中华民族精神的重要标志。黄河哺育了中华民族的孔孟儒学、老庄道学、禅宗佛学等哲学思想，滋养并融汇、贯通了河湟文化、河洛文化、关中文化、齐鲁文化等繁星闪烁的地域文化类型，使中华民族由松散的政治实体走向融合统一，形成了博大精深、源远流长的中华文化，铸就了中华民族共同坚守的精神家园。可以说，黄河流域是中华文明的核心发祥地和生生不息的创新发展地。由此看来，黄河不只是一条普通的自然河流，更是一条文化的、精神的、社会的、情感的河流，具有深厚的文化积淀。五千年来，黄河已成为凝聚海内外炎黄子孙的精神纽带，也是中华民族坚定文化自信的重要根基。

5.1　城市及村落资源

黄河作为中华民族的母亲河，孕育了华夏文明。城市作为人类文明的重要标志，最早在黄河流域产生。沿黄河人类聚居的产生、城的出现、城市的布局及其类型特征总是与黄河在中国古代的作用和地位分不开的。古代黄河比较明显的功能利弊表现在四个方面：一是作为重要水源，用于饮水灌溉，以利民生；二是凭借自然天险，作为军事防线，保证都城安全；三是黄河水运，便于舟楫，以通交流；四是黄河及黄土高原的自然侵蚀对人居环境的威胁。这些功能在不同的历史阶段发挥的作用是不一样的，与当时的生产力水平、军事形势、政治中心、民族关系等有着直接的关系。每当黄河的作用得以加强，黄河沿岸城市的地位就会凸显出来，城市的建设、发展就越快。城市的发展与黄河紧密相连，在不同的历史时期，黄河沿岸城市在发展上呈现出不同的特征。

5.1.1　村落及城市形成与发展

聚落以自然为基础，以建筑空间为舞台，是人与自然、人与人、人与建筑、人与社会等各种关系冲突、平衡、完善和发展的结果。聚落的选址与建造通常受到自然环境、建筑材料和技术、社会环境、移民等因素的影响，一般遵循"因地制宜、因材致用"的原则，不同人群都尽可能地利用自然条件，营造适合自身的人居环境。

古代都市的选址或发展迁移一般受到自然地理环境、政治、经济、军事、文化等多种因素的综合影响。其中，自然地理环境（包括水土资源条件）是都市及其腹地农业经济发展的基础，在都市发展和选址（迁移）过程中具有非常重要的地位，特别是从长期的历史时间尺度上来考察，其影响更加显著。史念海先生认为"自然环境应是形成都城的首要因素，不具备自然环境诸条件，是难以成为城的。所谓自然环境，至少应包括地形、山川、土壤、气候、物产等各项。"（史念海，1986）我国古代都城、城邑在选址时一般都非常重视周围的自然地理环境，包括地形地貌、水文、气候、灾害、土壤及生物等诸多因素对城市发展建设的利弊，选择相对比较优越的环境作为城邑的所在地。具体而言，首先，优越的城邑所在地有比较湿润温和的气候，腹地土地资源广阔，土壤肥沃，经济发达富饶，特别是农业经济发达，以维持统治集团及城内居民的用度；其次，都邑选址一般都邻近河流或丰沛的水源地，具有丰富的水资源，以满足城市生活及其农业生产用水；再次，就是优越的军事地理区位和交通地理区位，即地形险要，易守难攻，便于城邑的防御和保障安全，同时，又要选在交通枢纽之上，具有便捷的交通和对外联系，特别是都城的选址更加强调这一点。因此，相对优越的自然地理环境是城邑城址选择的最佳地域。同时，其也成为促进当地城市发展的重要推动因素；反之，将城邑选址在自然地理环境比较差的地域，往往会对国家或地区政治、经济、文化、军事等的持续发展产生很大的负面影响。

从漫长的历史发展过程来看，城市的发展和周围的自然地理环境之间是一种动态的相互作用关系。城市周围的自然地理环境是在不断发生变化的，其对城市的作用和影响也在不断发生变化。这种变化有可能使城市的自然地理环境更加优越，更加适宜于城市的发展，但是有些时候，某些自然地理要素或者整个环境的发展演化，会成为城市发展的限制性因素，不利于城市发展建设，甚至会成为一个城市发展中难以逾越的桎梏，导致城市逐渐走向衰落。这种情况说明其周围的自然地理环境已经不能满足城市发展的需求，人们不得不将城市向其他环境条件更好、对城市发展更有利的地方迁移。实际上，自然环境条件的好坏及其变化直接决定了一个地方能不能建立城市，并进一步影响城市的发展建设；反之，城市发展建设过程中对周围自然资源所采取的过度开发及不合理的利用给生态环境带来很大的破坏，生态环境的不断恶化又会进一步制约城市的持续发展，最终导致城市的迁移。在这一城市发展迁移与环境变迁之间的复杂作用过程中，最根本的一点就是区域的资源环境状况并非一成不变，而是随着资源环境的变化而变化，其对于城市的选址、发展的意义也大不相同，对政治、经济、军事及文化等形势的影响也不完全一样。

从城市形成的方式来看，黄河沿岸城市总体可分为三大类：第一类就是基于原始聚落发展而形成的城市，这一类城市往往历史悠久，其分布集中于黄河龙门以下地区；第二类产生时间较晚，主要在宋代以后，由军事堡寨发展而成，主要集中在黄河龙门以上地区；第三类则主要是基于黄河的水运功能，在黄河的主要渡口处逐步发展成为商品集散地。

5.1.2　沿河城市形态发展

水是生命之源。对于远古时代的居民来说，水源极为重要，水边还是狩猎、采集业及原始农业的有利场所，因此聚居地距离水源都较近，"择水而居"是原始社会人类遗址的分布特点。黄河沿岸的城市在产生、发展的历史过程中受黄河影响较大。初始阶段，聚落的整体形态表现出对水的依赖，同时又有对黄河的畏惧。聚落处在黄河与支流交汇处的高地上，蒲州、韩城龙门、佳县等史前遗址都反映出这一特征。进入新石器时代，黄河流域文化进一步发展，范围也进一步扩大。在尧舜禹时代，黄河两岸的聚落形态呈现出一种自然的分布状态。城市聚居作为文化交汇、繁荣、集合之所，在黄河河南段、晋陕段、山东段较早出现。

春秋战国时期由于战争频繁，黄河的军事防御功能凸显，城池沿岸设置并成为各国冲突的主要地区，伴随着长城和关隘的修筑，以及道路的整修。到东周时代，国家战争纷起，黄河是关乎区域安全的重要天险，依托黄河建城，巩固黄河防线成为重要的军事战略。这从东周一直延续到明代。其间尽管有变化，但黄河的军事功能始终是第一位的。这直接影响到黄河两岸城市的形态布局。在战争时期，黄河两岸的城市处于动荡之中，为了更好地攻克敌人，城市的布局往往从整体考虑，呈现出"一城多寨（堡），以寨卫城"的布局特点（图5.1）。在这种群体聚落形态结构中，次级聚落或分布在以中心聚落为中心发散出的交通主轴上，或分布在与中心聚落有直接视觉联系的山水形胜之地，与中心聚落共同组成聚居系统。但在后世的发展过程中，处于交通干线的次级聚落，凭借与城市的便利联系首先发展成为城镇，其他次级聚落成为村落，或者完全废弃。

战争中为了控制和利用黄河天险，根据战争的形势，将城市设在黄河的西岸或东岸。当黄河仍处于战争一方控制的时候，为了保证对岸城市的战争供给，便在此岸又营建新城；当黄河成为战争双方的分界线时，为了防卫对岸的侵袭，又在对岸建城。于是，黄河两岸的城市形成了"凭河而立，东西相对"的布局特点。由于战争原因形成的城市，在战争结束后成为人们居住、生活的地方，逐步完善、成熟。

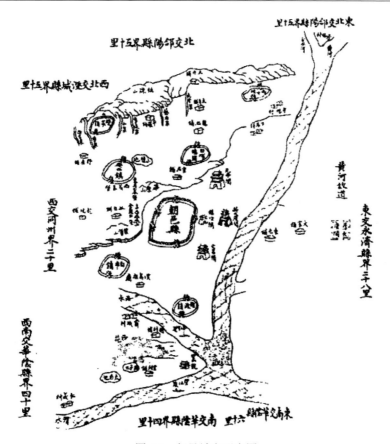

图 5.1　朝邑城市形态图

　　至隋唐时期，长安、洛阳先后作为独立政权的所在地，是全国的政治、经济、文化中心，沿黄河城市的布局形成以长安、洛阳为中心的拱卫格局。从北宋开始，全国政治中心转向黄河中下游，并随着生产力的提高，黄河沿岸新建城市建设速度快且数量多。明代初年，全国范围内都进行了大规模的筑城运动，黄河沿岸城市几乎都在扩建或重建，基本确定了城市的规制，延续至清代，并继续在原有城市基础上，逐步完善、发展和繁荣。

　　历史上，黄河的航运也深深影响了城市的布局。从大的方面来看，黄河航运直接影响到都城的选址和变迁。从黄河晋陕沿岸的小环境看，黄河的航运影响了这一带城市的发展。历史上，荣河镇（原汾阴城）、碛口、潼关、蒲州、芝川都是由于黄河航运功能而产生和发展的。

　　纵观我国历史时期黄河沿河城市的选址与发展过程，深受自然条件和资源环境的影响。在大的时空尺度上，黄河中游乃至整个东亚季风区气候变化的大背景，引起区域资源环境状况的好转或退化演变，从根本上决定了区域经济与社会发展演变的基本空间格局，由此推动了不同历史时期沿河城市发展甚至迁移的空间地理过程。特别在当前全球变化带来生态环境和水土资源条件不断变化，以及人类不合理开发建设所诱发的一系列区域性资源环境问题不断涌现的大背景下，环境和资源条件对城市发展的限制日益凸显。

5.2 治河、水利经验和技术

黄河历来是一条灾害频频的大河，以善淤、善决、善于迁徙而闻名。从西汉文帝前元十二年（前 168 年）至民国 27 年（1938 年）的两千多年间，黄河决溢的年份共有 380 年，决溢的次数多达 1900 多次（吴庆洲，2009）。历史上黄河下游大的改道多达 9 次（鲁枢元和陈先德，2001），小的泛滥、侵河、河水滚动不计其数。金代末年，黄河泛滥改道，至元初稳定南流夺淮入海，至清末又改道北流，黄河沿线无数城市被洪水摧毁，或湮灭，或迁址、移置，北至海河流域、南到淮河流域，除了有泰山阻隔的山东半岛东部，都有黄河流经的印记和频繁的灾难记载。面对黄河造成的频繁灾害，两岸人民在斗争中想方设法予以治理，千百年来积累了丰富的治河经验和技术。如关于堤防建设、封堵决口等，都根据不同地段和水流情势，形成了应对的经验和技术，这些都是黄河文化的一部分。它不仅反映了古代民众的治河智慧，而且对现代黄河治理也有借鉴意义。

5.2.1　工程

1. 古代防洪工程

吴庆洲（2009）在《中国古城防洪研究》一书中，将中国古城的防洪方略归纳如下。一是防，即障，使用筑城、筑堤、筑海塘等办法障水，使外部洪水不致侵入城区，以保护城市的安全，主要针对城市外部洪水的浸潦和宣泄。二是导，包括疏通城外河渠，降低城外洪水水位；建设城区排水排洪系统，迅速排出城内积水，防止城区发生涝灾。

黄河下游自古以来就是"地上悬河"，历史上洪水决溢频繁，防洪防灾等水利工程及设施历史悠久，主要由河道、堤坝、蓄滞洪工程、险工、控导护滩工程等大类组成。其始于战国时期，到宋、明两代有所发展，为保护堤防，险要河段会修筑护岸。如今的防洪工程设施更是自清末民埝的基础上陆续培修发展而来的。如山东曹县黄河故道、太行堤等具有重要的历史研究价值和一定的工程科学价值，都是黄河古代防洪工程的典型遗存资源。

2. 现当代防洪工程

当前，洪水风险仍然是黄河流域面临的最大威胁。黄河立法应当突出防洪安全，提升全流域水旱灾害防御能力，以此减轻黄河洪水对流域居民正常生产生活的影响，为经济社会发展提供平稳环境。

黄河流域水少沙多、水沙异源，要保障黄河长治久安，就需要牢牢把握好水沙调控这一关键问题，水利枢纽能够对河道的水沙起到很好的调蓄作用。在人民治理黄河的进程中，已经逐步探索出一套调水调沙的成功经验，建成了诸如龙羊峡、万家寨、三门峡、小浪底等大型水利设施，作为防洪工程的重要组成部分，充分发挥着防汛防凌、拦沙调沙作用。《黄河流域综合规划（2012—2030 年）》也指出运用黄河干支流水沙调控骨干工程，做好流域水沙联合调度规划。

龙羊峡水库位于青海省共和县与贵南县交界的黄河干流龙羊峡峡谷进口以下 2 km 处，控制黄河流域面积 13.142 万 km^2，占黄河全流域面积的 16.5%，是黄河上游第一座大型梯级电站，人称黄河"龙头"电站。1987～2020 年多年平均入库年径流量 195.7 亿 m^3，多年平均入库年输沙量 0.111 亿 t。水库为多年调节水库，以发电为主要目标，兼顾下游沿黄省（区）的防洪、防凌、灌溉、供水等任务。

万家寨水库位于黄河北干流上段托克托至龙口河段峡谷内，坝址左岸隶属山西省偏关县，右岸隶属内蒙古自治区准格尔旗，是黄河中游梯级开发的第一级，控制流域面积 39.5 万 km^2。水库多年平均入库径流量 248 亿 m^3（河口村 1952～1986 年实测年径流系列），设计多年平均径流量 192 亿 m^3（1919～1979 年设计入库系列），设计多年平均入库沙量 1.49 亿 t。万家寨水库为不完全年调节水库，运行的主要任务是供水结合发电调峰，同时兼有防洪、防凌作用。

三门峡水库位于河南省三门峡市和山西省平陆县交界处，是中华人民共和国成立后在黄河干流上兴建的第一座大型水利枢纽工程。水库控制流域面积 68.84 万 km^2，约占黄河流域总面积的 90%，控制黄河水量的 89%，沙量的 98%。1960～2017 年多年平均入库年径流量 314.99 亿 m^3，多年平均入库年输沙量 8.18 亿 t。水库为不完全年调节水库，调度任务是防洪、防凌、调水调沙和发电，并配合小浪底承担灌溉、供水任务。其中发电生产按照"以水定电"的原则进行。

小浪底水库位于河南省洛阳市与济源市之间，与上游三门峡水库距离约 130 km，与下游郑州花园口距离 128 km。控制黄河流域面积 69.42 万 km^2，约占黄河流域总面积的 90%，是黄河干流上最后一座拥有较大库容的控制性工程，控制了黄河约 90%的径流和 100%的泥沙。小浪底水库为不完全年调节水库，开发任务以防洪减淤为主，兼顾供水、灌溉、发电等综合利用。

为了缓解黄河不协调的水沙关系，1997 年经国家计委和水利部审查上报的

《黄河治理开发规划纲要》在黄河干流布置了 36 座梯级工程，总库容 1007 亿 m^3，长期有效库容 505 亿 m^3。《黄河水资源公报 2020》统计了黄河流域大中型水库共 224 座，其中大型水库 37 座，年末总蓄水量 447.68 亿 m^3。这些水利枢纽的修建运行承担了管理洪水、调控水沙、合理配置黄河水资源的重任。

　　《黄河流域综合规划（2012—2030 年）》（水利部黄河水利委员会，2013）显示，黄河干支流可开发的水电站总装机容量为 34741 MW，干流为 30411 MW。黄河龙羊峡至刘家峡河段作为我国已建和在建水电梯级最为集中的河段之一，其间规划的水电建设已渐次完工，黄河上游的水电开发建设已逐步转至黄河源区。与此同时，采用"拦、调、排、放、挖"这五种手段，实现对黄河泥沙的有效处理和利用，成为水沙调控的基本思路，要将"拦、调、排、放、挖"这一系列卓有成效的举措以法律形式固定下来，特别是要明确在四库联动调水调沙的过程当中，由流域管理机构对四大水利设施实行统一管理与调度的权利，统筹规划各个水库下泄水量和下泄时间，确保能够运用好上游来水量，冲刷河流中携带的大量泥沙，避免在下游河道堆积。

5.2.2　技术

　　20 世纪前，由于人们对黄河缺乏认识且科学理论不够完善，加之技术上的匮乏等，致使人们在黄河治理上只局限于防洪减灾、水利灌溉、交通运输、居民用水等方面，并没有形成系统的、完善的、综合性的科学技术治黄理论，但这些治黄经验是先辈们留给后世的宝贵遗产，值得我们借鉴和学习。

　　战国时期，《管子·度地》中对筑堤方法有详细记载，并已经开始注意到利用技术不断地对黄河大堤进行监督和管理。汉朝时期贾让三策与王景治河，提出分流、改道的对策，并辅以堤防的修筑与完善。明代时期在黄河堤防技术、黄河河工技术上有了长足的进步，以潘季驯为代表，其提出"筑堤束水，以水攻沙，蓄清刷黄，以河治河"的治理黄河思想，认为黄河、运河、淮河、海河应作为一个统一的整体进行全面治理，反对只着眼于局部的治理，并提出束水攻沙，积蓄清水冲刷河槽，集中河水流将黄河挟带的泥沙冲刷入海的总体构想，但在泥沙没有得到有效控制的情况下，束水攻沙不可能完全解决泥沙淤积问题，具有一定的历史局限性。清朝时期治河经验进一步积累，治河技术的提高促进了治河理论研究，出现了不少治河著作，如靳辅的《治河方略》、张霭生根据陈潢的治河言论编写的《河防述言》、张伯行的《居济一得》、傅泽洪的《行水金鉴》、胡渭的《禹贡锥指》、康基田的《河渠纪闻》、黎世序的《续行水金鉴》等。

　　民国时期是治理黄河的一个特殊时期。一方面，国家仍处于军阀混战、四分五裂的状态；另一方面，一些先进的学者开始把目光转向了西方，开始注重西方技术的引入。这一时期是治黄理论的活跃时期，很多科学的理论被提出，涌现了许多治黄著作。但是，由于当时中国的政治、经济等因素，这些理论大多没有得以实施，对于黄河问题进行系统而深入的研究和实践开始于中华人民共和国成立之后。

在多年的研究与实践中，黄河流域内的泥沙、地表径流、水沙变化规律、气候变化对黄河水沙变化的影响、多泥沙水库协调调度理论等得以形成和深化，伴随着黄河水文情况测报技术的发展，3S 技术[即遥感（RS）技术、地理信息系统（GIS）技术、全球定位系统（GPS）技术]及相关设备在治理黄河过程中被大规模引入和应用，以及计算机网络技术在黄河治理过程中的使用和发展，黄河综合治理取得了极大成效。

多年的治理和实践证明，全面治理黄河是正确的理论指导方针。在开展黄河治理工作的过程中，应不断提高对黄河的认识，完善现有的黄河防洪工程与黄河防洪非工程措施，进一步合理配置和利用黄河水资源，研究黄河泥沙资源化。在对黄河进行全面治理的同时，还要研究治理黄河过程中各项工作之间的联系，掌握其发展规律，以高新技术的应用和研发为契机，探索出一条集治理、开发、利用、资源化为主导的综合治理之路。

5.3　自然与历史文化遗产

黄河文化遗产不仅仅包含人工要素，还应考虑黄河自身的自然属性。从自然角度来看，黄河流经三大阶梯，因上下游地区河段所处地形、地势的差异，形成各具特色的水体景观，如峡谷、瀑布、河湖等。黄河流域内地形地貌丰富多样，拥有山地、高原、平原及丘陵，形成各具特色的自然生境，并覆盖了内陆高原、温带大陆、亚热带气候区等，不同的气候区拥有不同的植被景观，具有丰富的旅游和自然资源。

从人文角度来看，黄河是中华民族的母亲河，与尼罗河流域、两河流域齐名，对古老的中华民族发展产生了重要的影响，其重要性、影响力甚至超过了现有许多已命名的世界自然和文化遗产，在世界文化遗产史上占有重要的地位。黄河流域自商朝以来三千多年一直是中华民族的政治、经济、文化中心，四大古代都城与三大著名石窟皆分布于此。历史上，黄河在下游多次改道，孕育了肥沃的土地，哺育着广大沿黄地区，深刻地影响着人们的生产和生活，形成了不同的文化特色、风俗习惯。黄河流域多种文化相互交融，增加了黄河文化的丰富内涵，形成了鲜明的特色。人们在治黄、用黄的过程中，也留下了珍贵的文化遗产，形成了人文要素与自然要素相互作用的综合性文化景观遗产。

从文化角度来看，黄河流域是中华文明的发源地，因此，黄河文化是中华文明的重要组成部分，是中华民族的根与魂。汉字，古代四大发明，第一部诗歌集

《诗经》，诸子百家中诸如儒家、道家思想等都诞生于黄河流域，铸就了黄河文化博大精深的原创性特征，也跨越历史长河，至今仍深刻影响着中国社会。中国八大古都中，黄河流域就占了五个，分别是西安、郑州、开封、洛阳、安阳。截至 2015年，在国务院批准的 126 座中国历史文化名城中，位于黄河流域的就有 28 座。同时，黄河文化也体现出一种忧国忧民的家国意识，最具代表性的当属抗日战争时期创作出的《黄河大合唱》，激励了无数中华儿女为保卫黄河、保卫华北、保卫全中国浴血奋战。

黄河景观宏大壮丽，黄河文化源远流长，在流域沿线形成了丰富的自然和文化遗产。据统计，黄河干流和支流流经的 9 个省（区、市）69 个市（州）共有不可移动文物约 16.8 万处，其中世界文化遗产 11 处，世界自然和文化双遗产 1 处，全球重要农业文化遗产 3 处，中国重要农业文化遗产 19 处，全国重点文物保护单位 1451 处，省级文物保护单位 4221 处，市县文物保护单位 26476 处，注册博物馆 1325 处；此外，还有 16 个国家历史文化名城、29 个中国历史文化名镇、91个中国历史文化名村、678 个中国传统村落。然而长期以来，黄河流域文化遗产没有得到足够的重视，导致黄河文化保护力度薄弱、保护难度大。应当充分考虑黄河流域丰厚的文化资源，深入挖掘黄河文化蕴含的时代价值，对黄河文化进行保护、传承和弘扬，才能彰显黄河流域的文化底蕴（马梦雅，2021），才能讲好当代"黄河故事"。

伴随黄河流域文化遗产的申报，以及黄河流域高质量发展的提出，学者们对于黄河文化遗产的关注度越来越高。目前，国内关于黄河文化遗产的研究主要集中于以下三个方面。

1. 黄河文化遗产价值与系统研究

相较于京杭大运河文化遗产的概念和系统评价研究，对黄河文化遗产相关方面的研究起步较晚，但是随着关注度的增加，其概念与评价系统日趋完善。刘霜婷（2021）从黄河文化的内涵认知出发，总结归纳了陕西黄河文化的构成要素，搭建了其文化遗产的构成体系，并梳理了文化遗产清单。赵虎等（2021）建立了以黄河水利资源为特性的黄河文化遗产的研究框架，认为黄河文化遗产应包括水工遗产及其伴生遗产等，并提出近些年兴建的具有文化代表性和突出价值的黄河水工设施也可作为黄河文化遗产。冯海英（2022）基于对宁夏黄河文化遗产的调查研究，理清了其遗产类别、总量分布及保护利用状况。赵云和张正秋（2022）基于世界遗产对"文化景观"的概念与类型界定，加入"大河景观"概念，分析建立了黄河文化遗产系统。闵庆文等（2018）开展了对黄河流域农业文化遗产的类别、价值与保护的研究，以期改善黄河流域生态环境，实现流域可持续发展。还有部分学者以黄河故道文化遗产为研究对象（荀德麟，2015；朱尖和姜维公，2013）。

2. 黄河文化遗产区域与空间分布研究

目前国内多数学者分区域或从空间分布上开展了黄河文化遗产研究。马成俊等（2007）分析梳理了黄河上游五个少数民族的非物质文化遗产，给出了一些保护和抢救建议。闫树人和郝美丽（2022）运用 GIS 空间分析法和相关性分析，研究了黄河流域河南段体育非物质文化遗产的空间分布特征及其影响因素。焦金英（2022）以河南省黄河流域传统村落为研究对象，运用最近邻距离等研究方法，分析了其空间分布和影响因素。田磊等（2022）运用空间分析等研究方法，分析了黄河流域非物质文化遗产空间分布和影响因素。张一（2021）以不可移动文物为研究对象，运用核密度估计和平均最邻近比率的方法，分析了河南省黄河文化遗产时空分布情况。

3. 黄河文化遗产保护利用研究

关于黄河文化遗产保护利用研究，国内学者主要是分区域、分类型或者就某一文化遗产来谈其保护与利用。赵虎等（2021）在构建济南黄河文化遗产体系的基础上，从遗产普查、规划、管理和宣传四个方面进行分析，为黄河文化遗产保护给出地方建议。杨敏等（2015）在分析黄河流域岩画文化遗产保护的基础上，构建岩画数据库，以期从技术、立法、著作和机构等方面来保护岩画。姚明等（2010）分析了目前黄河祭祀文化现状、问题与困难，对其传承和弘扬提出了可行对策。

5.3.1 自然景观

黄河发源于青藏高原巴颜喀拉山北麓，西接昆仑，北抵阴山，南倚秦岭，东临渤海，从西到东横跨青藏高原、内蒙古高原、黄土高原和华北平原四大地貌单元，沿途有高山、湖泊、草原、湿地、冰川、峡谷、平原等各种景观类型。黄河流域这种独特的自然景观，造就了黄河不同地区生态的差异。流域内植被覆盖率低，天然次生林和天然草地面积少，主要分布在林区、土石山区和高地草原区。野生动植物资源较为丰富。

黄河流域是连接青藏高原、黄土高原、华北平原的生态廊道，拥有扎陵湖、鄂陵湖等重要湿地，总体湿地面积不大，以自然湿地为主，湿地生态环境功能良好。流域内外分布有三江源水源涵养与生物多样性保护重要区等多个生态功能区，具有青海湖、黄河九曲第一弯、黄河三峡、壶口瀑布、黄河入海口湿地等标志性自然景观，形成黄河"九曲十八弯"豪放与婉约并存的自然景观特色。

近年来，黄河沿线各地践行"绿水青山就是金山银山"的理念，全面推进生态文明建设，生态环境持续明显向好，但黄河流域依然面临着突出的生态环境问题，流域水质和各省区空气质量均低于全国平均水平，流域土壤污染程度和尾矿库环境风险较高。

因此,首先应以有效解决流域突出环境问题和改善流域生态环境质量为核心,解决突出生态环境问题,改善黄河流域各省区生态环境质量。

其次,应以筑牢国家生态安全屏障为主要目标,构建黄河流域生态保护格局,因地制宜对重要生态系统采取保护修复措施。例如,维护干支流重要水体水生态系统,封育保护河源区水生态系统,恢复受损河湖水生态系统;统筹推进山水林田湖草沙等综合治理、系统治理、源头治理,全面深化工业、城镇、农业农村污染治理,加强入河排污口排查整治;强化生态保护监管,加强环境保护法规与法制建设,以强制手段保障并提升生态系统质量和稳定性。

再者,需要加快转变发展方式,推动高质量发展。优化空间布局,推动产业绿色发展,要求科学制定水资源环境承载要求,因地制宜推进生态环境分区管控;推进产业绿色转型升级,开展重点行业清洁生产改造,推进企业园区化绿色发展;积极推进矿产资源绿色勘查开采,促进矿产资源综合利用。从源头管控、产业调整、绿色转型升级等方面,有效提升工业企业的绿色低碳水平。

5.3.2　历史文化景观

"黄河文化"概指产生、发展于黄河流域的一种历史地域性文化。黄河文化从性质上看是典型的农业文化;从历史政治的影响上看,它具有中国封建传统的正统文化属性;从文化特征上看,黄河文化不仅以其高度发达的历史文明长期居于人类多元文化的领导地位,成为中国历代多元文化的凝聚中心和中华民族古老文明当之无愧的代表,其本身就是综合各种文化而形成的,具有博大精深的多元文化属性。

历史文化遗产指的是具有历史、艺术和科学价值的遗产,包括文化遗址、古墓葬、石窟、寺庙、石刻、壁画、近现代史迹及代表性建筑等不可移动的文物,以及历史上各时代的重要实物、艺术品、文献、手稿、图书资料等可移动文物。黄河沿线范围内与"黄河文化"相关的遗产,包括物质性和非物质性文化遗产,其共同特点是因河水而生、成长发展于河畔、通过沿河水运传播于大江南北,如今这些水文化遗产有的已经被历史长河淹没消亡,只能通过文献资料或老者口述寻找它们的痕迹;有的在黄河沿线被完好地保存下来,至今依然发挥着它们的功用。这些水文化遗产有着共通的"文化基因"源,在不同的地域范围内虽然载体或表现形式略有差别,但所表达的内涵有着深刻的文化同源性。

"黄河文化"表现在物质方面的文化形态,包括现存的古人类文化遗址、古城堡遗址、古采矿冶炼遗址、古盐场、古渡口、古战场、古园林、古书院、古戏台、古寺庙、古洞穴、古陵墓、古石刻、古别墅、古民居、名人故里、书画雕刻、民间工艺、革命遗址文物等。在精神方面,黄河文化形态包括区域地方传统伦理道德观念、风俗人情、传说故事、成语典故、科技教育史话、文学、艺术、音乐、绘画、体育、武术等多种表现形式。

1. 遗址文化

正如习总书记指出的那样，"在我国 5000 多年文明史上，黄河流域有 3000 多年是全国政治、经济、文化中心，孕育了河湟文化、河洛文化、关中文化、齐鲁文化等，分布有郑州、西安、洛阳、开封等古都，诞生了《诗经》《老子》《史记》等经典著作。"沿黄省（区）拥有众多重大考古发现和标志性文明遗址遗迹，展现了中华文明的形成和发展过程。沿黄历史遗址主要包括青海的喇家遗址、马厂塬遗址等，甘肃的马家窑遗址、齐家坪遗址等，宁夏的贺兰山岩画、水洞沟遗址等，内蒙古的和林格尔土城子遗址、托克托县云中郡故城遗址等，陕西的西安半坡博物馆、石峁遗址等，山西的陶寺遗址、西侯度遗址、丁村遗址等，河南的庙底沟遗址、仰韶村遗址、王城岗遗址、新砦遗址、二里头遗址、殷墟遗址等，山东的大辛庄遗址、东平陵故城、小荆山遗址等。

2. 石窟文化

石窟寺作为建筑、雕塑、壁画、书法等艺术的综合体，是我国文物的重要组成部分，亦是文明长河中的璀璨明珠。沿黄重要石窟寺包括莫高窟、麦积山石窟、云冈石窟、龙门石窟等著名石窟寺，不仅体现了中华民族的审美追求、价值理念、文化精神，也反映了我国各民族交往交流交融的历史，展现了中华民族共同体意识。

放眼世界，各种文明时断时续，而中国的黄河文化却始终一脉相承。作为中国的母亲河，在上千年的历史积淀中，黄河为我们带来了丰厚的文化资源。这些文化资源，在当今时代仍然熠熠生辉，展示出特有的内涵与魅力。黄河文化源远流长，黄河流域积淀了丰富多样、异彩纷呈的文化遗产资源。首先，我们应深入研究黄河文化遗产的内涵和外延，明确保护对象和保护等级。为明确黄河文化遗产的保护范围打好基础。结合实践需要，以法律规范对黄河文化遗产作出凝练概括和合理划分。深入开展文化遗产调查，摸清黄河流域现有文化遗产总量及分布，掌握文化遗产开发、利用与保护现状，形成黄河文化遗产台账，为完善相关立法提供现实依据。在厘清黄河文化开发、利用、保护状况的基础上，形成并定期更新黄河文化遗产保护目录，明确不同文化遗产的保护等级，进而在法律规范上加以明确。对于综合价值巨大，或者面临严重破坏、亟须开展保护的文化遗产，予以优先重点保护。对于不同类型的文化遗产，有针对性地开展保护。推动全社会形成对黄河文化遗产保护的共识，形成强大保护合力。

其次，统筹文化保护与环境保护。黄河文化遗产是黄河文化的重要载体，与生态环境关系密切。在黄河文化遗产的形成、保护和发展过程中，其文化价值、社会价值和经济价值等都受到生态环境的深刻影响。这就需要统筹黄河文化遗产保护和生态环境保护，在立法中将生态要素、文化要素、经济要素等进行全面考量。立足黄河流域自然条件，以自然禀赋为基础，制定详细、具有可操作性的保护规划，明确流域内各类文化遗产保护的必要性与可行性。对全流域文化资源与生态要素进行通盘考虑，明确黄河文化遗产保护的目标、阶段、措施，以及各类文化遗产保护的积极因素和制约因素，依法保护、挖掘和利用体现黄河文化特色的文化遗产。运用法治手段加强黄河流域各区域协调合作，统筹保护体制、机制、手段等，推进山水林田湖草沙一体化保护和系统治理，把依法保护生态环境融入依法保护黄河文化遗产工作中。

再者，营造文化遗产保护的法治环境。黄河流域历史悠久，文化积淀深厚。星罗棋布、各具特色的文化遗产，为区域文化发展提供了优越条件，也为区域经济社会发展提供了有力的文化支撑。推动将文化优势转化为经济社会发展优势，有利于增强黄河文化遗产保护的内生动力。这就需要培育黄河文化发展的法治土壤，为促进黄河文化遗产保护和开发利用提供有力的法治保障。政府部门可以发挥引导作用，为文化遗产保护和开发利用提供政策支持、执法保障。可以出台相关规范，支持引导企业投入黄河文化遗产保护与发展工作中，鼓励社会力量和公民积极参与黄河文化遗产保护，依法保护企业和公民相关合法权益、稳定社会预期、拓宽文化遗产保护的资金来源。加强对法律法规实施情况的监督检查，形成黄河文化遗产保护执法检查机制，依法打击盗掘、盗窃、非法交易文物等破坏黄河文化遗产的犯罪行为，营造强化黄河文化遗产保护的法治环境，更好地保护黄河流域的历史文化。

5.3.3　沿岸重点历史文化名城

1. 兰州市

兰州作为丝绸之路上的历史重镇，有着中西文明交流融合结出的绚丽文化果实，历史文化十分厚重，民族文化多姿多彩，民间文化瑰丽独特，同时黄河穿兰州而过，塑造出兰州独特的黄河文化。虽然兰州建城距今只有两千多年，但是早就有人在此生活，是黄河文化遗产上游段不可或缺的城市。根据全国重点文物保护单位名单，兰州共有 10 处（包括长城）国家级文物保护单位，其类型主要有古建筑、古墓葬，以及以素有“黄河第一桥”美称的兰州黄河铁桥为代表的近现代重要史迹及代表性建筑。根据查询的甘肃省省级文物保护单位名录，兰州共有 45 处省级保护单位，其类型主要包括古遗址、古墓葬、古建筑和近现代重要史迹及代表性建筑。兰州市属于省级历史文化名城，下辖 3 个中国历史文化名镇：青城镇、连城镇和金崖镇，以及红城镇这一省级历史文化名镇。拥有 5 个国家级非物质文化遗产，42 个省级非物质文化遗产，其类型包括传统舞蹈、曲艺、传统技艺等。

从空间分布（图 5.2）上看，兰州市全国重点文物保护单位形成了 1 个超高密度核心区和 4 个小核心区。其中，1 个超高密度核心区以城关区和七里河区交界为核心，并辐射皋兰县、西固区和榆中县。4 个小核心区分布于榆中县和永登县，以及东北和西南的市界处。总体而言，虽然兰州市全国重点文物保护单位在数量上较少，但依旧形成高度聚集的核心区，表明兰州市文化遗产的分布受到社会经济因素、政治因素和自然地貌的影响较大。因为人口的聚集、东西方文化的交流，促使黄河铁桥、五泉山建筑群、兰州府城隍庙、金天观和八路军兰州办事处旧址构成了高密度核心区。

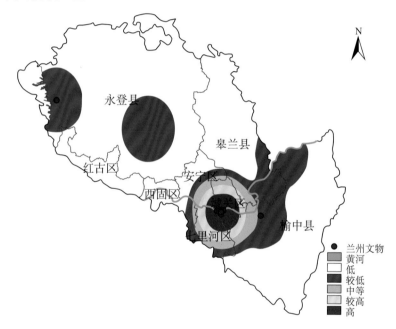

图 5.2 兰州市文保单位核密度图

2. 西安市

西安古称长安，是中华民族和东方文明的发源地之一。早在 100 万年前，就有蓝田古人类建造了聚落；7000 年前的仰韶文化时期，已经出现了城垣雏形。西安有 3100 多年的建城史和 1100 多年的国都史，先后有西周、秦、西汉、新、东汉、西晋（愍帝）、前赵、前秦、后秦、西魏、北周、隋、唐 13 个王朝在此建都。且自西汉起，西安就成为中国与世界各国进行经济、文化交流和友好往来的重要城市。陕西省目前共拥有 8 处世界文化遗产，而西安就有 6 处，包括秦始皇陵及兵马俑坑、兴教寺塔、汉长安城未央宫遗址、小雁塔、大雁塔和唐长安城大明宫遗址。西安共有 73 处国家级文物保护单位，包括的类型有古建筑、古遗址、古墓葬、近现代重要史迹及代表性建筑和石窟寺及石刻。同时西安也是国家级历史文化名城，拥有两座省级传统名村。拥有 1 项世界级非物质文化遗产、12 项国家级非物质文化遗产和 101 项省级非物质文化遗产。

　　从空间分布（图 5.3）上看，西安市全国重点文物保护单位形成了 1 个超高密度核心区、4 个高密度核心区和若干小核心区。其中，超高密度核心区主要是以莲湖区、碑林区和新城区三区交界为核心，辐射灞桥区、未央区、长安区和雁塔区。4 个高密度核心区分别分布在鄠邑区、长安区、灞桥区和临潼区。此外，其他各县区均有小核心区。由此可见，西安市文物保护单位的分布受到政治因素、社会经济因素和自然因素的影响较大。例如，超高密度的莲湖区、碑林区和新城区，因过去作为王朝的政治中心，发展较早，城市建设较早，因此遗留下很多文物遗产，地处西安城市中心，利于文物保护。

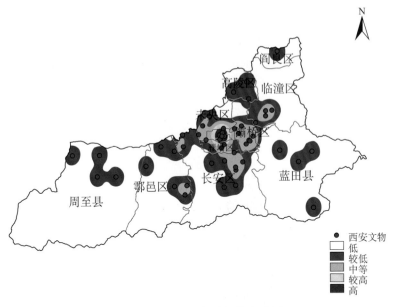

图 5.3　西安市文保单位核密度图

3. 郑州市

　　郑州是华夏文明的重要发祥地，自古以来就是文明交流的十字要冲，悠久的历史积淀了灿烂的文明，域内留存了丰富的文化遗产。郑州市拥有商城遗址、裴李岗遗址、双槐树遗址、北宋皇陵、轩辕黄帝故里、杜甫故里、潘安故里等历史名胜和文化古迹等不可移动文物近万处。郑州现有 2 项世界文化遗产——登封"天地之中"历史建筑群和中国大运河郑州段，共有 84 处全国文物重点保护单位，类型包括古建筑、古遗址、古墓葬、近现代重要史迹及代表性建筑和石窟寺及石刻。同时，郑州也是国家历史文化名城，下辖古荥镇是国家历史文化名镇。郑州市所拥有的文化遗产有数量众多、年代较久、类型全面，链条完整、传承有序，初创典制、影响深远等特点，在华夏文明价值体系中具有突出的核心价值。

从空间分布（图 5.4）上看，郑州市全国重点文物保护单位形成了 1 个超高密度核心区、3 个高密度核心区、1 个次高密度核心区和 1 个小核心区。其中，1 个超高密度核心区以登封市为核心，辐射巩义市、新密市等周边县市；3 个高密度核心区则分别以新郑市，惠济区、荥阳市和中原区交界，以及金水区、二七区和管城回族区交界为中心向外辐射；次高密度核心区则以巩义市为中心；还有一个在新密市的小核心区。郑州市文物保护单位分布受自然地貌、政治、社会经济等因素影响较大。例如，超高密度核心区登封，因独特的中岳崇拜促生发育了以嵩山为核心的文化高地，且登封较封闭的自然地貌帮助文物及其蕴含的文化习俗得以良好存续。其中，古遗址主要分布于黄河沿岸的荥阳市、中原区和惠济区交界处，以及新郑市和新密市的交界处，均在河流附近，进一步佐证自然资源对于文化遗产分布的影响。

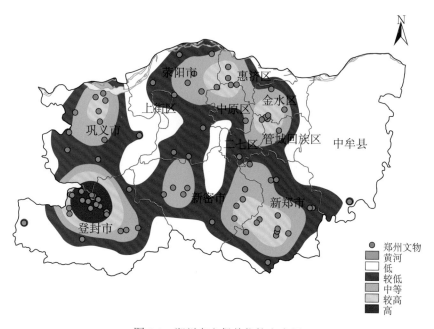

图 5.4 郑州市文保单位核密度图

第6章 大河流域经济带理论与经验

6.1 经济高质量发展

"发展"是指以经济增长为基础的社会政治、经济、文化等结构、体制的演进和变革，特别是指从传统社会向现代社会的转化和变迁。经济学对"发展"问题研究的时间最长，也形成了较多的理论模式。随着政治学、社会学、文化学、生态学等学科加入对发展理论的研究，发展理论得到了极大的丰富，尤其是可持续发展理论等著名的发展理论站在了发展研究的前沿。

对于流域发展而言，流域内水资源（主要是指河流本身）的开发利用是流域发展的最恒定和最关键的要素。从流域发展理论演变的情况来看，系统论思想的形成对流域的综合发展思想有重大的影响。在这一时代的系统观念影响下，国外对大河流域开发利用的模式出现了明显的变革，从制度、管理到工程技术等多方面引入系统的理论应用于实践。同时，由于各个国家的发展现实不同，也造成了对发展理论有各自不同的理解和一些特别的实践应用模式。

1. 航运主导开发模式

作为美国第一大河，密西西比河流域水量丰富，是美国最主要的工业和农业生产基地。便捷廉价的航运资源使密西西比河流域开发以发展整体航运系统为重点，通过明确的开发与管理机构及科学的流域航运发展规划，流域沿岸的一些重要城市凭借多种四通八达的交通运输网络增强了集聚能力，城市的经济活动通过便捷的交通线路向外辐射，带动周围地区经济的发展，不仅实现了各地区的专业化，而且促进了全国统一市场的形成，最终带动了整个流域和国民经济的发展。

2. 多元化流域开发模式

20世纪30年代，美国以田纳西河流域作为一个试点（谈国良和万军，2002），针对田纳西河流域出现的水土流失、洪水泛滥、田园荒芜、人口外流、自然灾害频繁等问题积极探索有效的解决策略，形成以田纳西河流域管理局为管理核心，以洪水控制、土壤保持、绿化、退耕、产业合理布局和多种经营等为主要开发内容的典型的多元化流域开发模式。通过一系列有效的国家立法和流域管理机构的设立，从国家政治经济体制、政府结构及水资源规划管理角度全面综合开发流域内的自然资源，振兴和发展区域经济。

3. 流域综合管理开发模式

英国泰晤士河流域采用江河流域综合管理的方法，在流域一级对水资源进行分散管理、协调管理及综合管理，将流域开发分为三个阶段，不同的阶段推行不同的管理导则与管理技术，连续修建山丘区水库与平原区水库，修建防洪闸，改善闸上、下游堤防（王有强等，2005）。从保证流域供水、控制流域水污染、改善流域防洪防潮等工作入手进行整治，并对直接向泰晤士河排放工业废水和生活污水的行为做了严格的规定，充分证明了江河流域综合管理的重要性及其产生的潜在效益。

莱茵河沿河的瑞士、法国、德国和荷兰等国从全流域的整体利益出发，在整体性原则的基础上制定流域发展综合规划，重视水电资源的梯级开发，为流域工业和经济发展及产业带的形成提供能源保障和便利的交通运输条件。通过河道渠化，以沿岸重要港口城市为区域经济增长点，以沿岸产业链条开发为轴线，形成莱茵河流域点-轴开发的典型模式。在长期的莱茵河流域开发实践中，始终坚持以"点"带"轴"、以"轴"带"面"、以"面"带"区"，注重流域综合发展，从流域的防洪、蓄水、扩展河道到流域水质保护，从治理流域污染、提高航道通行能力到逐步重视流域生态环境保护，人与自然的和谐统一逐渐成为流域发展的核心目标（周刚炎，2007）。

自 2017 年党的十九大报告首次提出高质量发展以来，国内越来越多的学者开始从内涵、性质、路径、策略等多个视角对高质量发展展开解读。高质量发展最初在经济层面表现为经济效益的提升。随着研究的不断深化，众多学者基于不同视角对高质量发展的本质内涵进行界定，一是基于五大新发展理念进行探讨，二是从经济增长的动力、要素效率及经济增长的结果对资源环境和社会福利造成的影响等方面来探讨高质量发展，三是基于社会发展视角的探讨。

国外学者多围绕经济增长质量、经济发展开展研究，这与中国高质量发展的本质基本一致。此外，国际上一些学者和组织也构建了一系列与经济增长质量、经济发展有关的评价指数，如联合国的人类发展指数（human development index，HDI），包括教育、寿命和生活水平 3 个方面；新经济学基金（New Economics Foundation）的全球幸福指数（happy planet index，HPI），包括教育、健康、环境、文化多样性和包容性、内心幸福感和生活水平等 9 个方面；欧盟的可持续发展指标（sustainable development indicators，SDIs），包括经济发展、可持续消费和产出、社会包容性、气候变化与能源问题、公共健康、环境变化等 10 个方面。这些指标体系所含指标虽各有不同，但总体来看，均以与人类生活、福利、幸福感等息息相关的指标构建指标体系。

为揭示中国高质量发展现状，部分学者提出构建高质量发展指数指标体系，受黄河流域生态保护和高质量发展战略的影响，越来越多的学者开始关注黄河流域高质量发展问题（刘琳轲等，2021）。整体来看，关于黄河流域高质量发展时代内涵、战略设计、路径措施等学理方面的研究较多。

6.2　生态系统保护与修复

西方学者对生态发展与环境治理的研究历史悠久，对生态区划及生态规划的研究多始于 19 世纪，20 世纪研究的学者逐渐增多，且多以生态资源作为生态区划的对象，生态区的等级划分也更加细致。对于流域的分析可追溯到 20 世纪 90 年代，通过将生态分区理念引入流域之中，以流域水文情况及周围地理特征分析为基础，对流域生态分区进行探讨。

第一，生态分区理念的研究。19 世纪初，洪堡在其《宇宙》一书中对地表各区域相互关联现象的差异性和特定自然要素与周围环境关系的研究，以及霍迈尔提出的地表自然区划、在主要单元内部逐级规划（小区、地区、区域、大区域）的观点是现代自然区划思想的起源。李特尔在《地学通论》中确定了区域的概念和层次。俄国学者道库恰耶夫在《关于自然地带学说》及《土壤的自然地带》中强调了动植物分布的地带性，逐渐形成了"生态区"的概念。1905 年，英国地理学家赫伯森首次提出了进行全球自然区划的理念，并通过地形、气候与植被的差异将全球划分为 6 大自然区域和 12 个副区。1976 年，美国学者贝利在《美国生态分区》中首次提出了一个真正意义上的生态区划方案，并于 1998 年为美国农业部编制了美国生态区划。21 世纪以后，国外学者对生态区划的研究主要集中于森林、山地、沙漠地区的土壤、农作物、作物-牲畜系统，以及风化、有机物积累和地区草丰度的研究及其影响。以美国为例，首次出版的《美国生态区域图》已根据用户的需要，特别是国家资源管理机构的需要，改进并扩大成一个层次分明的空间构架。通过与科学家及来自美国、墨西哥和加拿大的资源管理机构合作，美国生态区域框架已经通过细致的识别、归类而扩展到覆盖北美及现在被定位为第三等级的原始生态区。在美国，最广义的单位（第一级）定义了 10 个生态区，而最优质的单位（第四级）则有 967 个生态区。第二，流域生态分区理念的研究。流域区划同生态区划一样，主要采用地图叠置法，研究集中于定量分析。虽然目前对于流域生态功能区及其综合治理并没有明确的概念界定和理论援引，但其流域分区的思想形成和指标设计却值得借鉴。21 世纪以来，国外学者对于河流的分区研究更加具体化和精细化。流域内对河流生态系统有影响的因素包括气候、地质、地貌和土地利用等（赵银军，2013），进行河流分类有利于加强淡水资源保护，评估和管理因土地利用变化、点源和非点源污染、水坝和水库的修建、采矿和渔业等干扰对水环境的影响。

目前国内学术界对于流域生态功能区的研究可分解为具体的水系，并细化至特定的河流，内容聚焦于流域内生态功能区划的原则、手段与功能的分解，并试图通过结合流域治理与生态功能区管理的制度来源和执行方式来探索中国涉水功能区的制度整合及流域立法的可行性。

流域作为基本单元进行生态功能区划的原因研究。第一，弥补以行政区划为尺度进行生态功能区划分的不足。行政单位的生态功能区划在适用性方面存在阻碍，破坏了整个流域生态系统的整体性与连续性，无法反映流域制度的生态环境特性、敏感性与空间差异性。而以流域为对象的生态功能区划可以更准确地定位问题、协调利益相关者之间的关系，使流域规划方案更加切实可行。也就是打破行政区划界限，将单一的区域个体价值诉求转变为全流域生态可持续发展的整体价值诉求，以流域整体利益最大化为导向，努力协调好生态成本、生活成本、生产成本与各自收益间的关系。第二，基于流域形成可持续的"生计"模式。生态系统具有有限性，各级流域的发展都需要平衡流域保护与产业开发、生产发展之间的关系，以及生态与民生的最佳结合点。在不同流域生态特点的基础上，进行综合规划环评，合理调解流域内、流域与周围环境的冲突，促进流域内资源的合理配置，明确流域生态敏感性与生态服务功能对流域可持续发展的作用。第三，以流域为单位形成连续的政策，降低治理成本，提高空间治理的效率，实现政策的协同。

流域作为基本单元进行生态功能区划的策略研究。第一，进行流域整体性规划。流域的整体性规划是实现流域综合治理的基础，是由单一的以行政、自然及经济作为空间划分依据转变为以优势功能区或主导功能区为划分单位的前提。对于流域生态功能区划，要综合考虑社会、经济与自然的价值。要从整体观上分析流域生态环境问题及其空间分布特征，合理划分生态要素，避免社会功能区划的交叉重叠。第二，明确流域生态各区位的主导功能。流域生态功能区各区位提供服务的差异性及流域自身服务功能的多样性决定了可以通过对不同服务进行比较、权衡与协调，确定区域内的主导服务功能，从而有针对性地为整个流域的发展提供可持续的服务。在确定主导功能的具体过程中，要根据流域中各区段的特征进行功能定位，有目标、分层次、有重点地进行综合开发。虽然每个流域的生态现状不同，但通过流域自然资源数量、环境保护要求及社会经济发展情况综合确定主导功能的逻辑思路具有同一性。第三，合理反映利益相关者的价值诉求。流域生态功能区的利益相关者除了流域的自然生态环境，还包括流域的管理者、流域居民及相关企业。

关于生态治理理念，春秋时期的杰出政治家管仲有曰："草木植成，国之富也。"可见，早在我国古代就有"绿水青山就是金山银山"的生态治理思想雏形，良好的生态条件是国家繁荣昌盛、社会快速发展的基础。生态治理理念有着丰富的理论支撑，包括马克思主义生态观、绿色发展理论、可持续发展理论等。2005 年 8 月，习近平同志首次提出"绿水青山就是金山银山"这一重大思想。2014 年，习近平同志指出，"要坚持标本兼治和专项治理并重、常态治理和应急减排协调、本地治污和区域协调相互促进，多策并举，多地联动，全社会共同行动"，协同治理共识的形成能够有效扩展生态治理的内涵，完成生态治理的现代化转向。2015 年，《中共中央关于制定国民经济和社会发展第十三个五年规划的建议》要求加强环境治理、实行流域共治，并提出了创新、协调、绿色、开放、共享的发展理念。生态治理是生态文明建设的重要组成部分，是贯彻落实五大发展理念的重要载体。2017 年，党的十九大报告把"美丽中国"的生态治理目标提升到了人类命运共同体理念的高度，提出统筹山水林田湖草系统治理。2022 年，党的二十大报告指出，中国式现代化是人与自然和谐共生的现代化。必须牢固树立和践行绿水青山就是金山银山的理念，坚持山水林田湖草沙一体化保护和系统治理，站在人与自然和谐共生的高度谋划发展。走绿色发展、生态治理之路，已成为共识。

6.3　人居环境建设与治理

当前，世界主要发达国家对流域的综合发展已进入以生态保护与恢复为主的高级阶段，而我国的流域综合发展有所不同，更为强调流域保护与开发的协调。同时，我国整体上仍处于城镇化的推进阶段，加之我国的人地矛盾突出，建设技术水平较低，城乡建设对自然环境影响很大，因此，流域城镇化的各种问题在我国较为凸显。在此背景下，针对"流域"这一具有突出的自然属性区域单元，吴良镛先生从"建筑、地景、城市规划"三位一体的主导专业角度，提出并建立了"人居环境科学"研究体系，对流域人居环境建设与治理形成指导。

1965～1966 年，美国宾夕法尼亚大学区域规划和风景建筑学研究生在麦克哈格的指导下承担了波托马克河流域的研究工作。这是在美国做出的第一个以流域为单元的生态规划研究，是这类性质规划研究的原型，是流域规划研究划时代的里程碑。国外部分期刊如 *Land and Water*、*Environmental Engineering Science* 等，持续地刊载了大量与流域人居环境建设密切相关的文章，反映了国外对于流域人居环境建设研究的动态。但这些期刊文章的主要着眼点多从水环境的角度考虑，较为单一。　国外学者也通过对城市流域的规划案例研究来探索城市可持续发展的合作规划模式等，代表了流域人居环境建设系统研究中的一些新进展。

目前，美国流域保护中心（The Center for Watershed Protection，CWP）是对流域人居环境进行研究的权威性机构。该中心出版的 *The Practice of Watershed Protection* 一书是近期流域人居环境建设研究之集大成者。书中编辑了流域保护的规划与实践方面的 150 篇文章，内容全面涵盖了流域城市化、流域土地利用、流域保护、流域生态系统等大尺度的系统规划研究，流域城镇中的场地设计、社区建设、街道设计、滨水植被、雨水处理设施等小尺度的设计内容，乃至流域管理体系等政策研究。当前关于流域人居环境建设各类研究的一些先进成果在该书中得到了很好的总结。

日本的流域研究经历了"强化—淡化—再强化"的过程。2002 年，日本开始进行"与自然共生型流域圈、都市再生技术研究"课题研究，该研究着眼于水系及流域圈，目的在于通过分析人类社会发展与生态系统之间的互动关系，对人类活动的合理性进行评价，以寻求合理的社会发展模式，制约不合理的人类活动（刘树坤，2003）。其目的为建立能够与流域内的自然系统共生、与自然灾害共存的新型城市，逐渐将人类活动退出自然灾害的高风险区域。

一个较全面的流域人居环境建设研究，主要应包含以下四个方面的内容：人居环境历史与现状研究、城镇化与城镇体系研究、城市形态发展及其规划调控研究、生态环境保护研究。

1. 人居环境历史与现状研究

把握研究对象的过去—现在—未来的环环相扣之序列关系，理清流域人居环境建设的地域性特征，总结聚居建设的有益经验，明确历史文化遗产价值，以有利于保护和弘扬历史文化遗产；系统归纳现状建设中存在的矛盾问题，有针对性地在后续的建设中予以规避或解决。

2. 城镇化与城镇体系研究

整合按照各行政区进行的产业布局、国土整治等相关研究的内容，借鉴河流水利综合开发、流域水资源综合管理的思路，将涵盖全流域上中下游、左右岸各地区的综合发展对策与流域整体上的城镇化与城镇体系建构予以联系。分析流域开发对城镇化的带动作用，把流域综合发展的主要空间载体——所有的城市作为一个完整的系统进行研究，在与周边更大区域的关系中界定流域城镇化发展模式。重新审视被行政分区生硬割裂开的众多城市在防洪、电力、航运、旅游、移民迁建等各个发展方面的内在联系。从区域规划的层面探索在流域聚居可持续发展目标下的流域城镇体系建构模式，包括如何建构区域发展极核带动城镇化发展、城镇体系中的区域协调、区域空间开发的管制、城镇体系的规模结构调控及城镇体系的职能组合结构改善等。

3. 城市形态发展及其规划调控研究

主要研究城镇化进程中的城市规模与水、土等资源环境容量之间的关系，研究流域城镇化进程中城市空间形态的拓展及其生态调控手段，研究节约流域环境资源的城市规划与设计方法，研究城市滨水地段的城市空间与河流空间良性互动的规划与景观设计方法。根据不同地区的城市选择不同的形态研究重点，结合实践案例做大量的个案研究，从中归纳出典型的模式和原理，用以指导特定区域内城市形态的良性扩展。

4. 生态环境保护研究

调查研究流域的自然生态环境特征及其演化趋势，在现有的流域水土保持、灾害防治等宏观区域生态环境保护研究的基础思维上，应用 GIS、RS 等先进技术，建立城镇化进程的时间序列和城镇化地区的空间拓展，以及区域生态环境的影响评价体系，研究不同的城镇化进程与流域生态系统的健康状态的关系，并借鉴流域生态学、景观生态学等生态学分支学科的理论和方法，着重从中、小尺度的层面提出与城市发展影响紧密相关的流域生态建设与环境保护手段。

6.4　水资源与流域管理

6.4.1　流域水资源管理

"协同治理"自成为西方学术界的研究热点以来，积累了较多的研究成果，西方学者较早地将协同治理理论应用于流域生态环境治理问题的研究。20 世纪以来，世界各国纷纷开展流域水资源立法，在立法内容上均趋同于将流域综合管理作为核心，并侧重于从流域整体层面维护河流健康、公平合理利用水资源（宋蕾，2009）。Rother（2006）认为，莱茵河流域治理设置的莱茵河流域管理委员会，实行国家政府多部门的协作治理模式。McIntyre（2002）提出，公众参与、民主发展和对权力的制约，是流域生态环境协同治理的主要影响因素。美国田纳西河流域的区域综合治理是美国历史上首次尝试借由立法来保证整个流域的环境保护与发展。1933 年，美国总统罗斯福签署了《田纳西河流域管理局法案》，通过统一立法设立田纳西河流域管理局（简称"TVA"），确立其对流域内的水土保持、粮食生产、发电和运输等方面进行总体规划并执行流域管理的地位，取得了田纳西河流域的治理成效。澳大利亚的《墨累-达令流域协定》，将墨累-达令流域视为整体流域，通过制定跨界合作的流域规划、成立墨累-达令流域委员会，达成了一体化的流域管理体制，统筹管理、高效利用流域水资源，成为流域一体化治理的典型案例。此外，日本的《河川法》也是一部日本流域管理的重要法律，提出了对河川进行分级、分部门治理的综合治理理念，并设立河川统一管理制度。1992 年，法国针对罗讷河流域管理通过的"罗讷河行动计划"与新《水法》，明确规定了按流域制定水资源治理的总体规划。经历了近半个世纪的实践，欧美等发达国家在流域协同治理方面成效显著。总结来看，重视流域的统一规划与立法、明确流域管理机构及其职责、参与组织多元化是西方发达国家流域协同治理的成功经验与成熟模式。

6.4.2　流域综合管理

流域综合管理，从广义上讲是把流域作为一个生态系统，把社会发展对水土资源的需要、开发对生态环境的影响和由此产生的后效联系在一起，对流域进行整体的、系统的管理和利用；从狭义上讲是对流域内的水进行整体的管理。所谓流域系统的管理整体性是指水质和水的状况良好，未受破坏或损害。

流域水资源管理是以流域为单元对水资源和水域的开发、治理、保护进行全面规划、科学管理的一套系统的体制。体制包括流域管理制度和相应的机构体系。机构体系包括流域管理机构和流域内各级水行政主管部门，制度有法律制度、行政管理制度、流域开发政策等。同时，每个流域都应形成一套不断完善的流域治理科技对策和激励机制。国外针对流域问题的研究多围绕流域水环境管理展开，流域水环境管理已经形成了较为成熟和完善的研究体系。美国、日本、德国等国家先后对国内的大江大河流域（包括沿海）进行了大规模开发研究，使原本污染状况严重、自然环境已受到破坏、人口众多、经济不发达、疾病肆虐的流域，经过专门机构的综合治理、统一规划及合理地运用科技，不但改善了水质，水资源得到了利用，而且促进了周边地区的经济发展，使流域的可持续发展成为可能。

在流域管理方面，国外很早就开始了关于流域管理的研究，在流域立法领域也颇有建树。以美国为例，美国是世界上最早进行流域立法的国家，早在 1933 年美国就颁行了《田纳西河流域管理局法案》，并针对田纳西河流域，成立了一个国家性质的独立的、精简的流域管理局，对流域内的事项进行统一管理。在法案当中，就流域管理局的职责进行了明确，其不仅负责对流域水资源的保护，同时要通过综合治理，促进全流域在社会经济方面得到良好的发展（Dollar et al., 2011）。第二次世界大战以后，很多国家都研究美国的经验，并结合本国国情，制定了本国的流域综合管理方案。如泰晤士河、莱茵河和墨累-达令流域是综合开发、保护和治理流域的典型。把握了流域系统性的特征，综合考虑流域内水、土地和植被等生物资源，制定流域综合规划；强调区域间的合作，充分鼓励公众参与，并重视地方知识的应用。

在流域生态补偿方面，日本的《河川法》极具代表性。《河川法》颁布于 1896年，并在 1964 年进行了修订，成为日本内河流域综合管理的基本法。《河川法》建立了"费用受益者负担"的原则，认为河川是公共财产，为减少在公共财产使用中产生的外部不经济性，需要建立起生态补偿制度。此外，国外学者严格界定了流域生态补偿的主体与客体，尤其强调补偿客体应是最低成本的环境服务提供者。关于补偿资金的来源，国外学者鼓励通过权属交易和契约签订的方式，发挥市场机制的作用，基本实现了环境服务的商品化，逐步建立起以市场化运作为主导的市场补偿模式。此外，跨行政区流域生态补偿成为目前运用最为广泛的补偿模式。

在公众参与方面，各国对流域立法都给予了高度重视。比如，《田纳西河流域管理局法案》当中，明确地区资源理事会与董事会共同负责流域管理局的运作。地区资源理事会正是由流域内 7 个州的 20 名代表组成，涵盖了防洪、防治污染等方面的专家和社区代表，极大地提升了公众参与的程度（徐祥民和李冰强，2011）。在澳大利亚，1987 年流域相关州政府签订了《墨累-达令流域协定》，其中规定成立由地区代表和特殊利益集团代表组成的社区咨询委员会，以此加强同社区居民之间的沟通，从基层上扩大流域管理的群众基础。1987 年，澳大利亚开始在墨累-达令河流域推行土地关爱计划（Landcare Programme），成立上千个社区居民关爱小组，由政府支持社区开展保护环境、恢复生态的工作，社区参与流域治理不但提高了公众保护流域生态环境的意识，也积极推动了整个流域的保护开发（吕忠梅，2006）。

6.5　流域法制建设

6.5.1　多机构、多组织协同治理

密西西比河（Mississippi River）为世界第四长河，流域总面积 322 万 km²，占美国本土面积的 41%。密西西比河流域在过去出现了富营养化、有毒化学物质含量超标等重大环境问题，但经过近一个世纪以来的协同治理，现今水质有了明显提高。因为美国各州都有各自独立的宪法、法律，而州之间针对同一流域水体所提出的水质标准差异，会造成水质评估、许可证审批、修复决策等方面的差异，所以采用跨地区、跨部门的水质协调管理方式对密西西比河的流域治理显得尤其关键。密西西比河流域生态治理的合作治理经验可以为黄河流域的协同治理提供有价值的借鉴。

第一，多元主体协同治理。1879 年，美国成立了密西西比河委员会，并赋予它对密西西比河流域的防洪、航运、环境保护、水利、电力等问题相对自主的管理权，实现了密西西比河流域的统一调配与监督管理。密西西比河流域的保护管理机制实行多机构、多组织协同治理。在流域生态协同治理机构方面，有州际水质协同治理机构、联邦政府部门水质协同治理机构和非政府组织水质协同治理机构。其中，州际水质协同治理机构数量众多、交织密切。如密西西比河上游保护委员会（UMRCC）、密西西比河下游保护委员会（LMRCC）、密西西比河上游供

水联盟（UMRWSC）等组织。联邦政府部门水质协同治理机构主要是美国国家环境保护局（EPA），其下设的水资源办公室保障饮用水安全，另外还负有保护海洋、保护流域、执行《清洁水法》和《安全饮用水法》等法规的职责。除了 EPA，许多联邦政府部门也拥有对密西西比河水质管理的管辖权。比如，美国陆军工程兵团、美国野生动物管理局、美国地质调查局等分别承担对航行和防洪、野生动植物和自然栖息地、密西西比河流域的水质及水流调研方面的责任。此外，非政府组织水质协同治理机构侧重对特定州水域的保护和促进美国州际间合作与信息数据共享。

第二，强化国家环境保护局的协调职能。EPA 拥有对违法行为进行罚款和制裁的执法权，极大地落实了流域生态治理立法中的各种措施，实现了从立法到守法的过程。其协调职能不仅为密西西比河流域实行《清洁水法》提供了有效的法治支撑，还通过合理的罚款措施筹措资金，为流域各区域、各部门及包括流域协会在内的单位提供资金，并以各州提交的年度报告中水质管理活动的成效作为拨付联邦资金的条件。

第三，签署州际协同治理协议。即使实现了跨区域的协同治理，密西西比河依然受制于行政区划，为更好地促进协同治理，签订州际之间的合作协议是最为有效的。全美各州为了达到治理效果，签订了多达 19 个流域协同治理的相关协定，但密西西比河流域面积庞大、牵涉区域众多，目前签署的协同治理协议也仅仅是针对流域治理的某一方面，如水资源保护、水安全等方面，还未有可以囊括全流域的州际协同治理协议。

6.5.2　跨界合作流域规划

墨累-达令河全长 3719 km，是全澳大利亚唯一一条发育完整的水系，流域面积 105 万 km²，约占国家面积的 14%，对全国农作物灌溉有重要价值，因此该河流被澳大利亚人称为生命线，对澳大利亚的经济、社会、生态意义非凡。但这条澳大利亚大陆最大、最重要的河流，不仅水质污染严重，且流域水资源供需矛盾突出，稀缺的水资源导致各州和其他利益相关者之间水冲突事件频发。为应对干旱的挑战，解决长期以来由于水资源不合理利用产生的一系列问题，墨累-达令河流域经过百年政策探索和实践，对水资源管理的模式经历了由各州政府分散自治、州政府间协商合作进而转向国家实行统一管理这三个主要阶段（黄金等，2021）。对流域管理体制进行改革，建立了流域整体综合开发和协调管理模式，通过加强各州政府间、部门间及州政府-市场-公众三方之间的协同行动，实施流域跨界污染多元主体共同参与的治理措施，形成了以流域资源可持续利用、生态环境建设和社会经济协调发展为目标的流域综合治理政策体系，促进了水资源的统筹利用。经过相关各方的不断努力，过去环境污染严重的墨累-达令河流域的水质得到了肉眼可见的改善，生态基本恢复，其流域管理模式与成功经验也被世界称道。

第一，跨界合作的流域立法体系。2007 年，澳大利亚国会通过了第一部全国性《水法》，该法的出台标志着墨累-达令河流域从以前州际的分散性立法转变为统一的联邦立法，明确提出发展一个综合的墨累-达令河流域计划。2012 年，澳大利亚联邦政府国会同流域各州政府制定了《流域规划》(*The Basin Plan*)，该规划意在促进流域经济、社会和生态环境协同发展。为了贯彻《流域规划》提出的目标和任务，墨累-达令河流域管理局制定了《全流域生态用水战略》(*Basin-Wide Environmental Watering Strategy*)，从而实现以保护河流连通性、植被、水鸟和鱼类等为重点的生态目标。

第二，一体化的流域管理体制。1987 年，澳大利亚联邦政府及流域相关州政府缔结了《墨累-达令流域协定》，规定墨累-达令河流域的主要管理机构有墨累-达令河流域部级理事会（MDBMC）、墨累-达令河流域委员会（MDBC）和社区咨询委员会（和夏冰和殷培红，2018）。此外，澳大利亚政府针对墨累-达令河流域存在的碎片化管理和无序规划等缺陷，成立了一个独立的机构——墨累-达令河流域管理局，通过强化墨累-达令河流域管理局的生态用水保障职能，对全流域进行整体规划、执行、协调和监督，减轻流域水资源利用的负外部性，保证生态用水多项措施的一致性和有效性。

第三，协同治理理念更新。首先，墨累-达令河流域较早出台的法律设立了明确的水权，包括永久水权、临时水权，并设置了独立的生态水权，此外还有出租、抵押等各种水权利交易方式，这些措施提升了整个流域的用水效率，推动了整个流域内行业用水结构的调整，增强了企业节水意识和公众参与水资源管理工作的积极性。到目前为止，流域内已形成了一个相当活跃的水交易市场。其次，广泛的公众参与。在墨累-达令流域，1987 年开始实施的土地关爱计划（Landcare Programme）是公众参与流域管理的一个典范。该计划扎根基层、面向群众，将社会大众在流域治理中的作用发挥到极致。除此之外，还成立了很多非营利性组织，充分调动社会各类资本参与"生命之墨累河"计划的积极性。在流域管理中引入社区这一层级，不仅可以增强公民维护流域生态环境的意识，还可以促进整个流域的发展与保护。

6.5.3　协同规划治理

泰晤士河是英国第二长的河流，作为英国的重要水资源，在当地居民的生活生产中起到了不可小觑的作用。随着欧洲工业革命的发展，河流污染、生态失衡现象日益严重，严重影响了当地居民的身体健康，并多次引发水污染群体事件。为有效治理河流生态失衡问题，英国政府采取了相关措施，分阶段协同治理。

　　第一，制定全面、完善的法律制度。在河流生态恢复期，英国政府首先制定了《河流污染防治法》，为河流治理提供了制度保障。该部法律规定了河流生态恢复治理的多方面问题，并就具体的落实措施进行明确，确保河流恢复落到实处。该部法律不仅对企业污染河流的行为进行限制，还明确限制英国公众的行为，严禁工业废水、生活垃圾等的倾倒，并制定了较为先进的现代措施，如排污许可、生态补偿机制等。

　　第二，建立专门的管理机构。为巩固河流治理取得的成效，根据治理情况英国政府重新划分管理部门，成立了专门的流域管理机构，并使其拥有一定的立法权，在河流生态治理上具有较大的主动性，有利于专业机构提出专业化的治理措施和建议，专业的管理机构使多部门的协同治理也更加高效便捷。

　　第三，加大社会公众的参与度。英国政府也十分注重社会公众对流域生态治理的影响和作用，通过修改法律制度、完善社会机制及制定各种活动鼓励公众参与生态治理。通过保证公众的知情权、参与权等来实现公众对生态治理的参与成果，这样就形成了大协同治理的格局，发挥了以政府为主导、社会公众参与的协同治理模式。

第 7 章　黄河岸线保护与利用政策建议

7.1　黄　河　源

7.1.1　黄河源基本情况

黄河源区通常指龙羊峡水电站以上的流域区，位于青藏高原东部，总面积约为 $12.37 \times 10^4 \, km^2$（Luo et al., 2020），地理位置为 95°50′E～103°28′E，32°12′N～36°48′N，横跨青海、四川、甘肃三省（刘彩红等，2021）。黄河作为仅次于长江和叶尼塞河的亚洲第三长河，发源于此。源区平均海拔约 4100 m，气候恶劣，太阳辐射强，为典型的高原大陆性气候。多年平均气温集中在–12.7～5.6℃，受西南季风的影响，多年平均降雨范围集中在 281.8～1058.6 mm。区域内地形主要为起伏和缓的丘状高原，巴颜喀拉山与阿尼玛卿山耸立其上，区内地势西高东低。源区内水网发达、支流众多，积雪、冰川、草原、湖泊广布，亦有大面积多年冻土与季节性冻土发育（Wang et al., 2018）。由于地形低洼，且受冻土层影响，沼泽草甸分布广泛，草地是其重要的土地覆盖类型。

7.1.2　存在问题

1. 沼泽湿地退化

径流量变化对湿地具有显著影响，黄河干流的水位下降与上升直接关系到湿地的萎缩与扩张。人类活动同样导致了湿地的退化，以若尔盖地区为例，20 世纪30 年代以前，若尔盖地区基本处在无人区状况，沼泽湿地广泛发育且人畜不能靠近。20 世纪 60～70 年代，若尔盖、红原和玛曲为开辟新草场以发展畜牧业，对部分沼泽湿地开展了人工开渠排水，以增加草地面积，使得沼泽湿地在较短时间被大面积疏干。沼泽湿地的人工开渠排水是最直接、最强烈的破坏自然沼泽的人类活动，在短期内导致原有沼泽迅速退化成草原。开渠排水的直接后果是渠道两侧大面积的沼泽积水快速排走，使得沼泽脱水，泥炭板结硬化，其演变的趋势是沼泽、半沼泽、草甸、草原和沙化草原。脱水后沼泽可能盐渍化，限制优良的牧草生长，草原有时被杂草迅速挤占。人工开渠的渠道与自然水系连通，强化了人工渠道与自然水系的输水效率，引起自然水系放射状地溯源侵蚀下切，沿程降低沼泽湿地的地下水水位和快速排走沼泽或草原的地表水与地下潜水，加剧沼泽脱水和萎缩。

2. 径流及水文情势变化

气候变化和不断增强的人类活动，使流域水循环系统和下垫面发生了不同程度的改变，使流域水文循环和水资源的物理成因发生了显著变化，从而造成径流序列不同程度的变异，导致干旱、洪水等极端水文事件频发，对水资源可持续利用造成影响。气候变化对青藏高原地区的影响尤为明显，同时该地区也是各界研究气候变化学者重点关注的地区。位于青藏高原腹地的黄河源地区对全球气候变暖的响应异常敏感，是整个青藏高原增温幅度较大的地区之一。

7.1.3　岸线保护与利用建议

1. 统筹黄河源自然保护地体系建设

黄河流域生态系统脆弱敏感、结构复杂，应当在流域生态环境敏感区设置自然生态保护区，在珍贵野生动物栖息较多或珍贵野生植物生长较多的地区设立野生动植物保护区，在黄河自然遗迹分布的重点区域设置自然遗迹保护区，建立黄河流域自然保护地体系，促进黄河流域生态自然恢复。

2. 加大对黄河源生态保护区的保护

加强对黄河流域生态环境敏感地区的保护，包括黄河干支流源头、高原冻土、草原等地区。禁止在黄河生态保护地区从事严重破坏生态环境的人类活动，维护黄河生态保护地区的原生状态。在重点生态功能区域和生态脆弱地区，实行重点保护措施，增加该地区的公益林面积，保持该地区生态稳定。加大对黄河流域重点生态功能区的天然林、湿地和草地的保护及恢复力度，科学治理沙区。

3. 加强流域生态用水保障

确定黄河干流和重要支流生态流量控制指标，将生态流量列入全年水资源调度方案。受经济发展滞后与自然资源过度使用等多重因素的综合影响，黄河源区的可持续发展受到制约，对中下游地区的持续繁荣也带来生态威胁。应探索黄河源区生态用水补偿适度标准测算、建立稳定持续的补偿机制，形成以政府补偿为主导、以市场补偿为平台、以社会补偿为辅助的多元化生态用水补偿方式体系。

7.2　河　套　平　原

7.2.1　河套平原基本情况

河套平原位于内蒙古自治区的西南部，北至阴山脚下，山脉像陡壁一样屏障于平原之北,大致以1200 m 等高线为界。南边的自然界线应是鄂尔多斯高原北缘的陡坎。河套平原的西界把乌兰布和沙漠地区包括在内,其界线大致以内蒙古和宁夏两个自治区的区界为限。东及东南与蛮汉山山前丘陵及和林格尔丘陵相接,也是以 1200 m 等高线为分界线。从经纬度上看,河套平原东西位于东经106°25′E～112°00′E,南北界于北纬 40°10′N～41°20′N。东西长达 500 km,南北宽 20～90 km,像一条带子镶嵌在高原与山地之间。

河套平原根据自然综合体的特征可分为四块:乌兰布和沙漠与西山咀之间的扇形平原是后套平原;西山咀与包彦高勒之间狭窄的河谷平原是巴彦淖尔平原;包头、呼和浩特、喇嘛湾之间的三角形平原为前套平原,俗称土默川;黄河以南与鄂尔多斯高原之间的带状平原称黄河南岸平原。

河套平原的土地面积约 2.8 万 km²,在行政区划上包括巴彦淖尔市的临河区、杭锦后旗、五原县、磴口县、乌拉特前旗、乌拉特中旗和后旗的山前部分,包头市和土默特右旗,呼和浩特市及土默特左旗、托克托县、和林格尔县、清水河县的一小部分,南部略涉鄂尔多斯的杭锦旗、达拉特旗和准格尔旗。

河套平原海拔较高,地势平坦,几乎全部为第四纪松散的地层所覆盖,地貌分带性明显,地形呈阶梯状,湖沼与湿地分布较广,类型多样。河套平原的气候属于典型的干旱半干旱大陆性气候,水分缺乏,有"十年九旱"的农谚。该地自然灾害较多,在气象方面有干旱、霜冻、风沙和雹灾等,最经常发生的是干旱和风沙灾害。

7.2.2 存在问题

由于具有丰富的水资源和优质的土壤,河套平原是天然的农业生产地区,20世纪 70 年代以前,主要以农业生产为主,环境污染问题并不十分突出,随着工业化生产的推进,河套平原也面临着较为严重的生态环境破坏和一系列治理难题。

1. 湿地生态退化

河套平原湖泊湿地众多,其形成演化主要受控于黄河河道摆动及引黄灌溉。长期以来,上游生活污水、工业废水的无序排放及农田退水的大量输入,氮磷等营养元素不断进入水体,水面蒸发强烈,水中矿物质不断累积,水质咸化、富营养化等导致湿地生态功能退化严重。人口增加及部分农民私自破坏、滥开耕地,致使建设用地增加且草地减少,强烈的人类活动也导致了自然湿地的面积萎缩。

2. 农业污染及人类活动破坏

黄河是河套地区最主要的灌溉水源,早在汉代就开始引黄灌溉,清代是河套地区水利灌溉网络初步形成时期,至民国进一步完善。在农业开发中,水利开发在一定程度上遏制了沙漠化，便利了灌溉，但由于开挖技术落后，水利开发也引起了水灾，而土地开垦使当地的植被遭到了破坏，加剧了土壤水分的蒸发从而引起旱灾。农业开发所带来的污水直排、过度开垦、农田退水大量流入，也使生态平衡遭到了一定程度的破坏。

7.2.3　岸线保护与利用建议

1. 统筹规划流域水资源

推动黄河流域水资源的合理配置，以黄河流域为单位，制定相关取水总量、用水总量及消耗强度控制管理制度，将水资源从用水量少、水量充沛的上游地区调度到用水量大、水量较少的中下游地区，提高黄河水资源利用率。定期根据黄河流域水资源承载能力划定区域，在水资源利用超载的地区制定相关治理方案，实施调整产业结构、提高节水观念和能力等限制用水方案，防止水资源超载使用。在水资源较为匮乏地区，合理运用非常规水资源，提高黄河流域整体水资源利用率。合理计算黄河水资源可利用总量，保证黄河有充足的水量输沙入海。

2. 加强流域农业污染防治

提高黄河流域农村的环保意识，促进农业生产过程中科学使用农用生产资料，合理控制农药、化肥等生产资料用量，发展生产资料的循环利用技术，促进农业生产过程中的可持续发展。建立农业污染源的监测机制，实施对农业污染排放量的实时预警。普及先进农业生产技术，促使农作物产量增加。对农业生产时产生的农业废物进行合理安排，发挥废弃物的再利用价值。同时增强对农业养殖产业污染排放的管理和控制。

7.3　黄　土　高　原

7.3.1　黄土高原基本情况

黄土高原是世界范围内黄土面积分布最广的黄土堆积区，位于我国中部偏北的黄河中游地区，地理范围为 33.72°N～41.27°N、100.90°E～114.55°E，东至太行山，西至日月山，南达秦岭，北至阴山，地跨甘肃、青海、山西、陕西、内蒙古、河南、宁夏七省（自治区）。黄土高原作为我国的四大高原之一，总面积约为 64 万 km²，约为我国国土陆地面积的 6.7%（Gao et al.，2017）。

黄土高原地区地处沿海向内陆、平原向高原、半湿润地区向半干旱地区的过渡地带，属（暖）温带（大陆性）季风气候，冬春季节因受极地干冷气团的影响，气候较为寒冷干燥且多风沙；夏秋季节由于受西太平洋副热带高压和印度洋低压的影响，气候炎热且多暴雨。该区内多年平均气温介于 3.6～14.3℃，年温差和日温差相对较大；区域内多年平均降水量为 466 mm，空间分布特征表现为由东南向西北递减。

黄土高原地域辽阔，地形地貌高度复杂，海拔范围为 200～3000 m。地势总体上东南低、西北高，地面起伏幅度较大。区域内水力侵蚀强烈，兼具风力侵蚀和重力侵蚀，使得该区域在长期的侵蚀过程中逐渐形成千沟万壑、地形支离破碎的特殊自然景观，其中黄土地貌分布面积最为广阔、土层深厚（最深达 200 m），山地、丘陵、平原与宽阔谷地并存。黄土高原地区土壤质地的地带性特征明显，主要包含褐土、黄绵土、垆土、黑垆土、灌淤土和风沙土 6 大类，其中黄绵土分布面积尤为广泛。该区土质松软，土壤侵蚀问题严重，生态环境问题十分突出，是水土流失治理的重点区域。

7.3.2　存在问题

1. 水土流失

黄土高原地带是黄河流域治理水土流失的重点区域，土壤沙化及地表植被破坏严重，荒漠化和水土流失十分严重，生态系统极度脆弱。作为黄河流域的主要来沙区，黄土高原年均侵蚀模数达 5～20 kg/m²，贡献了黄河流域 44.35%的径流和 88.2%的泥沙。

2. 水沙关系不协调

中游黄土高原强烈的土壤侵蚀，使黄河多年平均输沙量高达 16 亿 t（左大康和叶青超，1991），以水少沙多、含沙量高著称。近年来黄河水沙变化显著，且在淤地坝、梯田等各项生态工程措施的实施下还将有进一步的变化，但不协调的水沙关系在短期内始终存在，导致黄河水库的调度目标与一般河流水库不同，即存在水库淤积与河道淤积之间两害相权的两难局面，而一般河流水库则只需尽可能提高水库的排沙能力，以减轻库区泥沙淤积和下游持续冲刷产生的危害。

3. 开发建设与生态环境矛盾尖锐

黄土高原是我国重要的矿产资源和化工基地，黄河沿岸区域布局有煤炭、石油化工基地，工业布局粗放且不合理，多为高耗水、高污染的重化工企业，生态环境治理重点除治理水土流失以外还要注重节水与净化水环境，而当地依赖的传统工业也为生态治理增加了难度。

7.3.3　岸线保护与利用建议

1. 加强对黄河流域水土流失重点预防区的水土流失预防

禁止在法律不允许种植的陡坡地从事农业生产活动。加强黄河流域多沙粗沙区、水蚀风蚀区等生态脆弱区域的保护和治理，定期测评生态脆弱区的土壤侵蚀及水土流失状况，加大对水土流失严重区域的防治工作。严禁在水土流失严重、生态脆弱地区进行有潜在水土流失危害的生产及其他人类活动。

2. 建立水沙调控和防洪减灾体系

根据黄河泥沙治理现状及治理难点，完善水沙调节机制和防洪防凌调度机制。对水沙情况进行持续性监测，提升监测预报能力。同时注意对黄河水流趋势的监测核查，密切关注河流上游地区发生的暴雨等恶劣天气，做好河流下游发生洪涝灾害的预案措施，尽量降低黄河流域洪涝灾害造成的损失。做好洪涝灾害频发区河道的淤泥清除工作，提高河道对泥沙的承载输送能力，最大限度将泥沙输送入海，降低洪涝灾害发生的可能性。

3. 推动生态系统治理与工程建设

自然恢复对生态环境的保护及修复是有限度的，因此需要适当地实行人工修复制度。坚持科学的生态修复技术和精细的管护措施相结合，针对流域生态严重破坏的地区，开展天然林资源保护、退耕还林还草、荒漠化综合治理、生物多样性保护、水土流失综合防治等重大生态工程建设，确保区域森林、草地、湿地等自然生态系统修复和稳定。

7.4　黄　河　滩　区

7.4.1　黄河滩区基本情况

黄河滩区是指黄河河道与黄河大堤间广阔的滩地区域。

黄河下游属于游荡型河段，主流河道摇摆不定，河水在大堤内滚来滚去，当洪水退去，其携带的大量泥沙在大堤内淤积，便形成了大片的滩区，久而久之，群众利用滩区土地进行生产生活。截至目前，黄河下游滩区内居民达 129.5 万人，在下游河段基本无工程控制的条件下，滩区极易遭受洪水淹没，并且由于缺乏灾后补偿政策，滩区群众生产生活困难，经济发展滞后。

河南省黄河滩区自洛阳市孟津区白鹤镇至濮阳市台前县张庄，河道长 464 km，两岸大堤堤距一般为 5~10 km，最宽达到 24 km。黄河河南段属于典型的游荡型河段，河道宽、浅、散、乱，泥沙大量淤积，形成地上悬河，平均悬差为 5～7 m，最大悬差为 23 m。滩区面积约 2116 km²，耕地 228 万亩，居住人口 125.4 万人，涉及郑州、开封、洛阳、焦作、新乡、濮阳 6 个省辖市、17 个县（区）、59 个乡镇、1172 个自然村庄。从图 7.1 可以看出，黄河水陆交界线与大堤之间存在着大量农田、村庄，一旦黄河变道或者发生洪水，将严重威胁滩区居民的生命财产安全。黄河滩区治理与滩区居民迁建是河南省黄河沿岸地区亟须解决的重大问题。

图 7.1　黄河滩区示例

7.4.2　存在问题

（1）滩区群众生命财产安全受到洪水威胁。黄河滩区具有行洪、滞洪、沉沙等功能，其运用模式是"人为洪水泥沙让路，全滩用于保障防洪安全和泥沙处理"。泥沙是黄河诸多问题的症结，下游地上河形成的原因就在于中游水土流失严重。气候因素和下垫面因素影响着黄河的水沙变化。由于气候变化具有不确定性，黄河流域的水库、淤地坝、植被、梯田、灌溉用水、河道冲淤及煤矿开采等下垫面因素变化也比较复杂，导致很难预测黄河泥沙量的变化。黄河泥沙量难以预测，导致下游河道冲淤形势难以确定。同时，黄河滩区处于"豆腐腰"区段，河道主动摆动频繁，河势变化幅度大，历史上多次出现"小流量，大漫滩"的现象。

（2）滩区发展受限，经济滞后。滩区基础设施薄弱，相当一部分居民没有解决饮水安全问题，并且只能在不影响防洪的前提下在河槽河堤安全范围内开发建设，对于生产发展形成空间上的约束。受洪水威胁等因素影响，滩区功能难以定位，治理方向未能确定，经济发展相对落后。此外，滩区内村庄及居民的搬迁（图 7.2）补偿需要大量资金投入，加之黄河泥沙量大，导致灌溉渠道淤积严重，清淤费用也给地方政府造成一定的财政负担。

(a) 搬迁前

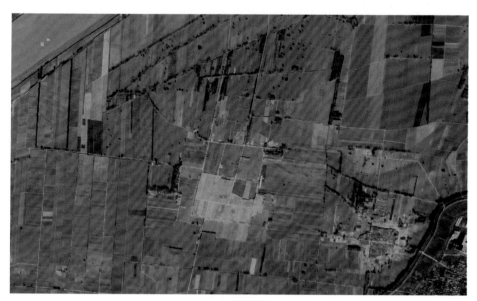

(b) 搬迁后

图 7.2　滩区村庄搬迁前后影像对比

（3）滩区生态环境脆弱，湿地保护与农业生产发展矛盾突出。生产、生活、生态空间散乱。河滩农田施用的农药、化肥易影响黄河水质，使生态环境退化。

7.4.3 岸线利用与保护建议

1. 对黄河流域国土空间实施用途管制

在黄河流域按功能划分出生态、农业、城镇等空间，根据划分的功能不同，对黄河流域国土空间实施用途管制，坚守我国生态环境安全的底线、划定国土利用规划中不得占用的耕地范围、确定城市开发中的边界，在保障黄河流域地区基本农田面积的基础上，推动国土空间布局升级，实现黄河流域国土空间利用任务。

2. 加强河道、湖泊管理和保护

为保护黄河河流走势稳定、保障黄河两岸堤防安全，应规定不得在黄河河道、湖泊管理范围内修建妨害河道排洪的建筑物及构筑物，在管理范围内修建的各类工程设施都应当符合黄河防洪标准。为确保黄河水资源的生态安全，必须构建黄河综合调度系统，实现黄河主干、支流的统筹协调。

3. 确立滩区安全建设管理制度

"在保障黄河下游河道防洪安全的前提下，完善和提高现有的生产堤和河道整治工程，形成新的黄河下游防洪堤标准。"同时，探索建立滩区分类治理的模式，将滩区划分为永久安全区和可开发区，对于可开发区加快平整土地，改变"地上悬河"的不利局面。

4. 确立滩区运用补偿政策

就补偿范围、条件、对象、内容、标准、程序，以及补偿资金来源、发放、使用和管理等做出规定。因对滩区进行管理和利用给滩区内居民造成的损失，由中央财政和省级财政共同给予补偿。因洪水给居民房屋、种植的农作物或养殖的家禽等造成的损失，在淹没范围内，经过严格登记造册并估价，提供一定的财政补偿。

7.5 黄河三角洲

7.5.1 黄河三角洲基本情况

黄河三角洲是由黄河冲积而形成的冲积平原，是中国大型河口三角洲之一，由于黄河泥沙含量高，年输沙量大，在黄河下游入海口不断淤积、造陆，形成了

丰富的滨海湿地资源（陈怡平和傅伯杰，2021）。历史上黄河流向不断变化，有记载的计一千五六百次，平均两年一次，其中较大改道 26 次（水利部黄河水利委员会，2011g）。目前，一般根据河道变迁影响因素，将该域界定为"古代黄河三角洲""近代黄河三角洲""现代黄河三角洲"。

1992 年 10 月，国务院以国函〔1992〕166 号文批准成立山东黄河三角洲国家级自然保护区。山东黄河三角洲国家级自然保护区位于山东省东营市垦利区、利津县和河口区境内，地理位置为 118°32′59″E～119°20′27″E，37°34′46″N～38°12′19″N，总面积 1530 km²，自然保护区分为核心区、缓冲区、实验区三个功能区，其中核心区 594.19 km²，缓冲区 112.33 km²，实验区 823.48 km²。保护区陆地面积 827 km²，滨海湿地面积 703 km²。2009 年 11 月 23 日国务院正式批复了《黄河三角洲高效生态经济区发展规划》，黄河三角洲的发展上升为国家战略。2019 年 9 月 18 日，习近平总书记提出将黄河流域生态保护和高质量发展上升为重大国家战略，为黄河三角洲生态保护和高质量发展带来了历史性的契机。

黄河三角洲地区有我国暖温带最广阔的河口湿地，是物种保护、候鸟迁徙和河口生态演替的重要地点（房用等，2004）。由于该地区资源丰富及生态系统交融复杂，为其社会经济的发展提供了优越的生态环境本底，具有极大的发展潜力，同时也面临着经济、资源、生态矛盾突出的问题，生态环境极为脆弱，还面临着水资源生态效益低、生物多样性保护基础弱、生态水系网络不健全等问题（王建华等，2019）。

黄河三角洲的生态保护重点任务是对湿地生态系统的保护，具有蓄水调洪、调节气候、净化水质、控制土壤侵蚀、保护生物多样性等重要生态系统功能。开展黄河三角洲生态保护，不仅能有效支撑黄河流域整体保护和综合治理，而且对全国生态文明建设也具有重大战略意义，形成美丽中国建设示范样板。

7.5.2　生态现状与问题

1. 湿地生态系统面积萎缩、功能下降

1）黄河三角洲湿地保护现状

为加强山东黄河三角洲国家级自然保护区保护、建设和管理，保持湿地生态系统功能和生物多样性，东营市人民政府制定了《山东黄河三角洲国家级自然保护区管理办法》，实行分区管理。黄河三角洲国家级自然保护区是以保护新生湿地生态系统和珍稀濒危鸟类为主的湿地类型自然保护区。保护区内设一千二、黄河口、大汶流三个管理站，承担了科学管理、湿地保护、鸟类保护、湿地恢复、可持续发展、科普教育、生态旅游、智慧管理等多种功能职责。

2）湿地保护管理现状与问题

为恢复湿地功能和结构，保护生物多样性，改变自 20 世纪 90 年代以来由于自然与人为原因造成的湿地退化和损失状况，山东黄河三角洲国家级自然保护区积极开展各类湿地修复工程（图 7.3）。通过在适宜的地方筑坝建闸，在雨季蓄积雨水、在黄河丰水期大量引蓄黄河水蓄淡压碱等措施对退化湿地进行恢复，以改善土壤质量和湿地水体质量，保护生物多样性，为鸟类创造良好的栖息环境，有效遏制海水入侵。湿地恢复工程的开展和实施，有效地改善了退化湿地的状况。生态环境的改善使鱼类等水生动物又重返湿地，为众多迁徙停歇鸟类提供了丰富的食物、庇护场所甚至繁殖地，代表性湿地指示物种数量显著增加，迁徙、繁殖鸟类数量明显增多，生态承载力得到大幅提高。

图 7.3　山东黄河三角洲国家级自然保护区湿地修复工程

目前，山东黄河三角洲国家级自然保护区已有 4238 hm² 湿地全部恢复为湿地公园。建设区域有大面积的盐碱滩涂，具有丰富的盐碱地自然生态地貌和盐碱植物分布，地形起伏、高低错落，有利于结合地形组织生态园林景观和湿地绿化建设。

黄河三角洲湿地修复通过大量生态补水，疏通水系促进水循环，保育原生植被，构建多样化鸟类栖息地，促进鱼类等水生生物繁衍生息。近 20 年来，山东黄河三角洲国家级自然保护区湿地明水面积占比由原来的 15% 增加到现在的 60%。2020 年，保护区实施了退塘还河、退耕还湿、退田还滩 7.25 万亩，退出的土地将进行生态修复。目前，黄三角地区已经完成 35 万亩退化湿地的恢复工程。

3）黄河三角洲湿地植被资源保护

山东黄河三角洲国家级自然保护区区域内拥有大量的湿地植物资源（图7.4），以芦苇、盐地碱蓬、互花米草、柽柳、蘸草为主。近年来黄河断流、泥沙减少导致的海岸侵蚀、风暴潮等自然灾害频发，加之人为干扰增多，对潮间带植被分布造成一定的影响（李政海等，2006）。

碱蓬和互花米草为黄河三角洲滨海湿地的先锋植被，为保护区分布较广的主要物种。碱蓬为一年生藜科植物，主要分布在滨海湿地滩涂重盐碱地区。一般情况下，在3月中下旬碱蓬种子便开始萌发，4~10月中下旬是生长、开花、结果期，到11月下旬几乎全部干枯死亡。互花米草是一种多年生草本盐沼植物，于1990年由国外引入，最初用于滨海地区促淤造陆和保滩护岸等生态工程，适宜在潮间带生长，繁殖速度快，具有较强的侵略性，已经对黄河三角洲植被种群演替过程和物种多样性起到了破坏作用。

为促进黄河流域生态系统的健康发展，提升生物多样性，山东黄河三角洲国家级自然保护区大力实施开展生态补水工程、鸟类栖息地改善工程等措施（图7.5~图7.7），稳定越冬鸟类种群和数量。截至2014年底，山东黄河三角洲

图 7.4　黄河三角洲典型植被分布

图 7.5　黄河三角洲鸟类栖息地保护现状

图 7.6　保护区内野生鸟类

图 7.7　湿地保护区内人造游禽繁育岛

国家级自然保护区鸟类种类达到 368 种，相比建区时增加近半数，涵盖 19 目 64 科，其中有丹顶鹤、东方白鹳等国家一级重点保护鸟类 12 种，二级重点保护鸟类 51 种，被誉为"鸟类的国际机场"。保护区鸟类数量也逐年增加，种群数量超过全球或其迁徙路线种群总数 1% 的鸟类达 38 种，鸟类总数量达 600 万只。

4) 黄河三角洲湿地保护管理中存在的问题

黄河三角洲湿地资源的保护与修复始终作为湿地保护管理工作的中心，基于此建立了山东黄河三角洲国家级自然保护区，不断加强保护管理体系建设，在湿地保护与修复、生物多样性恢复等方面做了卓有成效的工作。经过不懈努力，黄河三角洲湿地资源保护与修复工作取得了显著成效。但是，由于社会发展增速，经济建设步伐加快，湿地所面临的压力也在不断增加，湿地资源保护与管理难度加大。虽然黄河三角洲在湿地修复与保护等方面做出了较大努力，但目前仍存在一些问题。

湿地退化理论研究和生态评价不足。黄河三角洲湿地生态系统由于形成较晚，天然降水不足，加上黄河来水少，水分补给条件差，土壤盐渍化严重，生态功能脆弱。黄河三角洲湿地恢复工程虽已开展多年，并取得显著成效，但对不同退化湿地因地制宜采取修复措施以达到不同物种对生境的要求的研究，以及对已恢复湿地的生态系统的整体评价等均较为薄弱，不足以完全适应当前湿地保护的合理开发利用工作的需要。

湿地资源保护与开发的矛盾仍然存在。近年来，利用湿地进行农业、渔业生产及生态旅游开发的活动越来越多，黄河三角洲生态系统的正常演进过程已经受到严重的干扰和阻断。如何在保护中开发，实现生态的可持续发展，仍是当前面临的重要问题。

湿地保护管理机构力量薄弱。保护管理机构不健全，执法力量薄弱，严重影响了湿地保护管理工作的展开。专业执法机构的缺位，使自然保护区的执法管理得不到有效实施，一些违法违规活动得不到及时有效的制止和打击。

保护和修复湿地资金投入限制。湿地保护管理基础设施尚未完善，湿地退化问题没有得到根本解决，野生动物栖息地面临威胁。由于历史原因，受到资金限制，尚有大面积退化湿地没有得到很好的恢复。同样，许多野生动物如比较濒危的鸟类丹顶鹤、黑嘴鸥、大鸨等的栖息地出现退化现象，需要实施栖息地保护工程，改善野生动物的生存状况。

湿地生态系统面积萎缩、功能下降。黄河三角洲是我国大河三角洲中海陆变迁最活跃的地区，黄河口造陆速度之快，尾闾河道迁徙之频繁更是世界罕见（刘存功等，2013）。黄河河口依然按照"淤积—延伸—摆动—改道"的规律发展，改道等演变同时也导致天然湿地的破坏，再加上建设用地、水田、水产养殖扩大等人为活动的持续干扰（孔祥伦等，2020），水文生态系统演替，面积大幅减少，湿地生态压力过大。1990～2018 年，黄河三角洲湿地面积由 2242.7 km² 增加至 2784.6 km²，总面积增长 541.9 km²；其中，人工湿地面积由 217.1 km² 增长至 1276.0 km²，共增加 1058.9 km²；天然湿地面积由 2025.6 km² 减少至 1508.6 km²，共减少 517.0 km²（孔祥伦等，2020）。天然湿地面积急剧减少，湿地生态系统功能遭到损害，蓄水功能下降，野生动物数量和种群减少，植被演变为盐生植被或退化成为光板地，制约土地开发和养殖业发展。过去视草甸为荒地，盲目开荒，乱割滥牧，加之多年来受到水产养殖、滩涂开发及人工水利和道路建设的影响，现有草甸已经大量损失。滩涂长期被作为土地的后备资源，其开发与围垦造成滨海湿地的损失退化。滩涂经开发后，表面形态结构及生物群落、基底物质组成等都发生改变，导致湿地功能受到严重损害。滩涂污染对浅海渔业影响非常大，小清河的污染对浅海滩涂的贝类资源破坏也比较严重（张晓娟，2013）。

2. 风暴潮和洪涝灾害频发

位于渤海湾与莱州湾之间的黄河三角洲是西太平洋周边风暴潮灾害的多发地区，由于其特殊的地形和地理环境，沿岸易发生风暴潮，是中国风暴潮重灾区之一。台风风暴潮易发于每年的 7～9 月，温带气旋型风暴潮易发于 3 月、4 月和 10 月、11 月。统计资料显示，黄河三角洲地区增水大于 1 m 的大风暴潮年均发生 3.3 次。1949 年后，轻度以上风暴潮年均发生 1.5 次，重度风暴潮平均 3～4 年发生一次（程慧，2019）。风暴潮不仅给三角洲工农业生产和人民生命财产造成巨大损失和威胁，还严重破坏了该地区的生态环境系统。风暴潮发生时，潮水位迅速增加，岸滩形态改变，湿地结构遭到破坏，其巨大的破坏力能使海岸蚀退加剧，湿地面积减少，部分水生物种毁灭，生态系统失衡。如 1997 年 8 月（9711 号台风）的特大风暴潮导致海溢 30 km，东营市的河口区、垦利区、胜利油田和滨州地区的沾化县被潮水围困人数达 6900 人、伤 1570 人、亡 63 人，通信、供电和交通系统遭严重毁坏，油井被淹，累计经济损失达 26 亿元（陈沈良等，2007）。

黄河三角洲地区持续的河道淤积导致河床升高，目前下游河床平均高出地面 4～6 m，河床的不断上升，导致泄流能力下降，使该地区面临着巨大的洪灾威胁。自唐朝后期，黄河决溢频次明显增加，尤其是宋朝以后，黄河泛滥次数上升至 52.8～56.4 次/百年；从明朝至中华人民共和国成立初期，黄河泛滥次数快速增加至 118.2～137.3 次/百年，其原因与黄河泥沙日益增多密切相关，泥沙归根到底是植被破坏造成的。当前，黄河下游发生大洪水的风险依然存在。例如，黄河下游孟津白鹤镇至山东东明高村的 299 km 游荡性河段尚未完全控制，对大堤的安全威胁极大（陈怡平和傅伯杰，2021）。流入三角洲的水量和泥沙量的减少是由自然因素和上游人类活动决定的，而不是由河口情况决定的。

3. 土地盐渍化、沙化严重

黄河三角洲多数地区土壤以粉细砂为主，成土时间短，质地均匀，海拔低，潜水位高，盐分易升至地表，导致土地盐渍化。三角洲盐渍化土地及盐碱地数量大、分布广，土壤盐渍化面积占总面积的50%以上。近几十年来，黄河三角洲失去了黄河水的保障，多年持续缺乏水沙补给导致沿海滩涂蚀退，而且破坏了黄河三角洲区域的水盐平衡，海水与地下盐水沿河道及地层孔隙向内陆入侵，形成海水倒灌，加速了土壤盐碱化，导致陆域生态系统出现逆向演替现象，生态环境持续恶化，湿地生态质量下降，生物多样性和生物量大幅减少，生态系统承载力减弱，湿地生态系统的安全性面临严重危机（王建华等，2019）。

土地沙化主要是由毁林、毁草等人为因素造成的。黄河三角洲从1949年到"一五"期末，有林地面积83万亩（李彦敏和张兰珠，1990），生态环境优美，农业生产稳步发展。但从20世纪60年代后期开始，由于对黄河三角洲进行大面积的垦荒和过度放牧，植被遭破坏，据山东省志环境保护志资料，林地面积由原来的83万亩减少到1995年的15.8万亩，森林覆盖率由20.93%下降到1.5%。植被的破坏，使地面失去了必要的庇护，生态环境恶化，导致耕地沙化碱化。

4. 水量不足、水环境恶化

黄河三角洲地区年降水量少，且降水不均，年均降水量530～630 mm，70%分布在夏季，平均蒸散量高达750～2400 mm（宋创业等，2008）；地下水开采量仅为$1.345 \times 10^8 \text{ m}^3$，以微咸水和盐卤水为主，能用于饮用及灌溉的淡水仅占4%。此外，作为该地区供水水源的黄河水量持续减少，20世纪90年代以来，黄河水断流时间不断延长，范围不断扩大，1995年实际断流100 d，1996年为93 d（孙志高等，2011），1997年断流时间则长达227 d（史培军等，2006），不能满足黄河三角洲地区居民的生产、生活和生态等用水需求，加之水资源的浪费也导致了沿海水资源的不充分供应，造成供需矛盾，同时限制了传统产业的发展，从而引起该地区生态环境质量的持续恶化，严重制约了区域社会经济的发展。

随着黄河三角洲区域经济的快速发展和人口剧增，各类用水排放量加大，富营养化现象加剧，重金属和有机物污染扩大，邻近海域出现赤潮现象。据统计，黄河三角洲地区共有19条河流，其中15条已经被重度污染，3条河流被轻度污染（宋守旺，2019）。根据河流中的污染物质检测要求，对悬浮物（SS）、化学需氧量铬酸盐（COD_{Cr}）、高锰酸盐指数（COD_{Mn}）、5日生物需氧量（BOD_5）等石油类挥发酚物质指标进行检测时发现，检测项目均为超标。SS项目检测发现，有超过68%的河流存在该物质，超过90%的河流检出COD，而其他污染物质均超过80%。区域内11座的大、中、小型水库中，有3座处在重污染状态，6座处在轻污染状态,1 座处在中污染状态,1 座尚处在清洁状态。水库污染物主要为 COD,另外,水库内的总氮量及总磷量均超过规定的标准。结合 2013~2018 年建立的 14 个检测点对浅海湿地水环境质量连续检测的数据可知,重金属项目检测结果符合相关要求,水环境内未出现重金属污染问题。SS 检测项目超标率达到 98.6%是由于黄河携带大量的泥沙入海,尤其是在大口河、潮河口等区域的海域内。SS 检测发现,超标率高于其他水域环境,充分证明在浅海区域内的河流,造成水质污染的主要因素是受到 SS 物质的影响。另外,在浅海水质内,溶解氧(DO)检测发现超标率为 4.3%,COD_{Mn} 超标率超过 17.1%,证明浅海湿地内有机物质的污染较为严重,而且石油类的污染超标率超过 50%(贾振刚,2019)。

5. 生物多样性下降

过去视草甸为荒地,盲目开荒,乱割滥牧,加之多年来受到水产养殖、滩涂开发及人工水利和道路建设的影响,现有草甸已经大量损失。2000~2018 年,黄河三角洲生境质量变化表现为"中段缩减、两端增长"的发展特征;高生境质量集中在滨海和黄河沿岸的湿地生态系统区域,且面积不断增加,与湿地景观面积变化趋势相一致,这主要得益于自然保护地的建设与管理和一系列湿地保护工作;低生境质量集中在建成区,建成区生境质量退化极为明显,表明建设用地的增加是黄河三角洲地区生境质量最大的威胁(贾艳艳等,2020)。

黄河下游三角洲是生物多样性的基因库,其在促进黄河流域生态健康方面具有特殊意义。该区内动物资源丰富,共记录野生动物 1500 余种。陆生脊椎动物以鸟类占多数,区内共有 287 种鸟,占全国鸟类总种数的 22.3%。在鸟类中,有国家一级保护鸟类 7 种,国家二级保护鸟类 33 种(陈琳等,2017)。黄河三角洲湿地生态系统受到多种外来入侵有害植物和动物的危害,对物种乃至整个湿地生态系统造成影响。如互花米草 1990 年进入黄河三角洲,2012 年开始在自然保护区内爆发式蔓延,截至 2018 年已超过 4400 hm^2。互花米草强大的无性繁殖能力逐渐使盐地碱蓬、海草床生境被侵占,滩涂底栖动物密度降低了 60%,鸟类觅食、栖息生境大幅度减少或丧失(王志静,2020)。内陆湿地水污染导致浮游植物和浮游动物的多样性明显降低,水质污染严重的河流浮游动物几乎绝迹。底栖动物的数量和种类也有明显的减少,部分淡水鱼种类濒临灭绝。黄河三角洲河口区是鸟类多样性分布中心,但由于河口水质的污染,鱼和贝类基本绝迹,导致鸟类失去了良好的生存环境和食物来源。滩涂水质的污染也会间接影响水禽的生存,破坏鸟类的栖息繁殖环境,影响了鸟类的多样性。此外,油田开发采钻现场也极大地干扰了鸟类的栖息,目前在保护区内仍有石油开采现象(张晓娟,2013)。

6. 经济发展与生态保护冲突

黄河三角洲原为农业区，但近年来工业发展、城市建设突飞猛进，中小城镇规模不断扩大。工业化和城市化发展是三角洲社会经济发展的必然趋势，但其负面影响之一就是生态环境系统和生物多样性受到破坏。大片的林木、草地、池塘等被工厂、企业、城镇、油田开发建设所代替，不但在利用面积上把天然植被全部破坏，而且在周围相当大面积范围内的天然植被和动物资源也遭到严重破坏，湿地和生物多样性保护与经济开发存在矛盾（刘存功等，2013）。黄河三角洲经济高速发展，环境质量下降，黄河三角洲地区的主要污染物来源于以石油为主要原料的企业，化工能源的消耗导致了大气污染，工厂排污造成了水污染，交通、建筑业及工厂带来了噪声污染，人居环境不断恶化。

7.5.3 岸线保护与利用建议

1. 风暴潮与洪灾治理

1）提高风暴潮防御标准，完善风暴潮预报预警系统与灾害防御体系

历年来，修筑黄河三角洲地区防潮工程对减轻风暴潮带来的灾害损失起到了巨大作用。但仍有部分临海岸线为自然岸线，且大部分已建防潮堤标准偏低、不连续，有的经海潮多年侵袭，损坏严重，已失去防潮作用，造成黄河三角洲整个防潮工程体系缺乏抵御风暴潮灾害的能力，与防护对象经济发展状况不相适应。今后应继续提高风暴潮的防御标准，增强其防御能力，并考虑风暴潮对黄河口延伸形成的影响；考虑防潮大堤和沿海公路相结合，逐步形成包括保护三角洲生态环境系统在内的完整的风暴潮防护体系。一方面可少占用土地，另一方面可节省投资，也有助于提高防潮大堤的抗灾防护强度。

风暴潮形成的因素比较复杂，它不仅受台风等气象条件的影响，还受海洋条件影响。因此，需加强风暴潮形成与预报的基础与模型方法研究，通过研究历次风暴潮的特点，结合实际的台风条件，对三角洲的风暴潮进行系统的研究，并通过建立风暴潮预报与预警系统，加强风暴潮预报的准确性及抵御灾害的时效性，从而减少风暴潮带来的损失。随着我国通信、卫星等高科技技术的发展，较为准确地预报风暴潮已成为可能（刘昀和刘敏，2020）。风暴潮防御体系是否完善直接关系其灾害影响的程度，建议建立监控系统，准确采集海堤及海潮信息，加强日常海堤维护，储备足够的抢险物资，制定防灾减灾方案，将风暴潮带来的灾害降到最低。

2）水库调沙和河口、河道整治工程

拦沙虽然不能彻底解决泥沙问题，但是是暂时减缓下游泥沙淤积的最有效方

法。合理调节现有水库或在中游地区新建水库以减少运往三角洲的淤泥量，从而减缓三角洲的河道扩展、河道淤积和河床抬高的速度。

河口整治，不仅直接关系着河口地区的开发利用和发展，而且对黄河下游及三角洲地区的河道冲淤变化有一定的影响。黄河入海流路的安排及尾闾河道的整治，必须与黄河下游的整体防洪安全相协调，要有利于缓解下游河道的淤积抬高，有利于减轻防洪负担。黄河下游的来水挟带相应的泥沙，到达河口三角洲顶点后，需要使用一定的流路（清水沟、刁口河、十八户或马新河等）、按照一定的改道控制标准，独流或者分流入海，这就是入海流路的行河方式。已有主要行河方式有：单一流路、有计划改道，单一流路、固定行河，多流路、同时行河，多流路、交替行河。入海流路安排要遵循黄河河口淤积、延伸、摆动、改道的演变规律，以保障黄河下游防洪安全为前提，以黄河河口生态良性维持为基础，发挥河口的资源与区位优势（李继伟等，2020）。

有必要确定河道整治的方向和目标，以及应采取的工程措施（Zhang et al.，2021）。根据黄河口的演变历史，三角洲的每个河道都有其独特的运行方式，即使是相同的河道，在人工干预下也可能会有所不同。①清水沟河道长期稳定。主要原理是保留一条主河道和一条次要河道，然后将河流长期固定在两条河道中，当遇到高水位时，可以将洪水引向次要河道。该方案的具体运行方式如下：以目前的清水沟河道为主要渠道，修建二级堤防，以引导和约束水流。②清水沟河道相对稳定。这种运行方式的主要原则是在防洪安全和生态环境保护的基础上，保持当前河道的稳定，可以充分发挥资源优势，促进社会经济的可持续发展。通过必要的工程措施，对河道进行疏浚和清淤，以最大限度地减少河口沉积和河道延伸对下游河道的影响。少水多沙是黄河最显著的特征，因此，在黄河整治规划和三角洲发展规划中应考虑备用河道。制定备用河道的长期计划，并确定备用河道方案的优先级，最好将其与三角洲的总体发展计划相结合。一旦在遇到洪灾风险或将来面临紧急情况时必须改道，则可以将工程成本、经济损失和对当地社会的负面影响减至最小。

2. 土地盐渍化和沙漠化防治

为了降低盐碱含量，把盐渍化土地进行集中整治，开发盐碱荒地。采用暗管改碱、种植田菁等方法，在降盐培肥的同时减少了化学产品的投入，这种以物理措施和生物措施为主的保护性技术，在改善土地理化性状的同时，保护了区域农业生态环境，降低了土壤的盐渍化水平。遏制近海湿地土壤盐碱化的关键是防治海水倒灌，而防治海水倒灌的关键是维持泥沙淤积-冲刷平衡，因此设定合理的泥沙阈值可以有效解决近海土地盐渍化问题（陈怡平和傅伯杰，2021）。

可采取"沙漠锁边、腹部渗透、以路划区、分而治之"的防治策略，积极布局、推广荒漠化治理的重大先进技术工程，如沙漠"土壤功能化"生态快速恢复一体化技术、光伏治沙、沙地节水与高效农业等，解决荒漠化治理难题。创新突破，联合攻坚，在没有形成稳定绿化的沿黄沙漠地区，实施黄河沿岸沙漠锁边防风固沙攻坚重大工程，彻底消灭黄河沿岸地区流动沙丘，稳定黄河干支流绿化锁边任务，提高"治沙护绿"成效，构筑黄河沿岸生态安全屏障（董锁成等，2021）。

3. 水资源统一调度

要解决黄河水资源供需矛盾问题，首先要统筹规划，统一调度和强化水资源管理。水资源是流动的多功能、多用途的实体资源，一条河流不可分割开发、治理，也不可单目标开发、治理。开发利用黄河水资源不能只图一时一地的经济利益，而应该从全流域乃至全国的社会经济持续发展总体规划出发，统筹考虑各行各业、城镇生活、生态环境和景观旅游等方方面面对水资源、水环境的需求，力争使有限资源在上、中、下游都发挥作用。为此，统筹规划和统一调度水资源，在黄河流域具有特殊的重要意义和显著的社会经济和生态环境效益。其次，要继续实施调水调沙工作，使黄河下游保持良好的生态环境。再次，结合南水北调工程，实现水资源的优化配置与调度，南水北调后，通过河道可以将清洁的水资源直接送到河口地区，通过现有的引黄渠道可以把调来的水量配置到广大的黄河三角洲平原，这样做不仅将大大减少调水、配水工程投资，节省工程占地，同时也能改善三角洲地区的生态环境。

强化污染综合治理，加强工业集聚区污水集中治理设施建设，推动城镇污水处理设施及污水收集管网建设与改造、污泥处理、城市黑臭水体治理。优先开展饮用水水源地等敏感区域农村环境综合整治。对滩区居民点外迁的农村社区生活污水进行集中处理，对滩区内保留的村庄因地制宜地进行处理处置。河南省沿黄部分城市加快推进冬季清洁取暖改造，持续深化工业炉窑大气污染综合治理，加强重点行业挥发性有机物（VOC）治理等。加强涉重金属行业污染防控，开展农田周边涉镉等重金属重点行业企业排查整治，以危险废物为重点开展固体废物排查与综合整治（董战峰等，2020b）。

4. 湿地生态修复工程

应该遵循"在保护中开发，在开发中保护"的思想，加强对黄河三角洲湿地保护政策的制定、改进和实施；针对黄河三角洲湿地被开发利用的主导驱动因素，在黄河三角洲未来的湿地保护工作中需要防止城镇化进程过度占用天然湿地，在城镇建设规划中，为城镇扩张预留一定空间，严守湿地保护红线，同时保障湿地保护与恢复有充足的水资源支持；黄河三角洲湿地保护目前存在多部门交叉管理和职责不清等问题，因此，需要建立自上而下的管理体制，目前国内外高度关注的国家湿地公园体制也许能解决这些问题，而如何进行国家湿地公园建设和如何发挥其湿地保护的作用是未来需要关注的问题（孔祥伦等，2020）。

1）恢复浅海湿地生态系统

（1）加强近岸海域环境的监测与执法。实行污染物排海总量控制，严格控制陆源污染；加强监督海上废物倾倒，海洋石油勘探开发溢油、漏油，船舶泄漏等海洋污染事件，并依法查处；对新建扩建的海洋工程项目，严格执行海洋环境影响报告书审批制度；监督海上石油开采等各项海洋开发活动，必须遵守国家有关法律法规和近岸海域环境功能区划的要求。

（2）加强滩涂水产养殖废水排放的管理。减少有机物和营养盐类物质向浅海的排放，禁止滩涂水产养殖使用环境激素物质，避免浅海水产品质量下降。

（3）加强海洋溢油事故监测及应急处理能力。保证溢油控制和快速回收，确保浅海水质石油类浓度不超标；在相关地区建立文蛤、缢蛏、四角蛤蜊等护养区，实行贝类人工底播增殖，集护养、精养、暂养于一体，实现恢复浅海湿地生态系统的目标。

2）恢复滩涂湿地生态系统

滩涂湿地生态系统除受到污染外，油田开发、滩涂养殖、工农业生产、基础设施建设等也会使部分湿地严重退化，加之黄河摆动和改道、风暴潮的袭击等使该湿地生态系统发生演变。

（1）大米草湿地生态系统恢复。采用机械方法在大米草的特定生长期内将其割除，采用覆盖技术遏制大米草植被的生长，采用生物替代技术，选用竞争力强的本地物种大面积人工栽植，加速大米草的自然演替，达到新的生态平衡，使该类湿地早日恢复。

（2）10×10^4 hm² 芦苇滩涂湿地恢复。以黄河三角洲滩涂退化湿地适生优势植物芦苇为主的生态修复工程技术，将 10×10^4 hm² 滩涂恢复成芦苇绿洲，芦苇可用于造纸，造纸废水经芦苇湿地处理后再用于苇纸生产，建成苇纸生态示范园。

（3）海滩养殖综合工程。改善滩涂供排水系统，改造现有养殖池；实施生态养殖、海水综合立体养殖，形成鱼、虾、贝、蟹混养的生态结构；引进优良滩涂养殖品种，增加物种多样性；恢复、改善滩涂整体生态环境。

3）河流湿地生态系统恢复工程

黄河三角洲主要河流有 15 条，其中潮河、神仙沟、东营河、广利河等污染比较突出，生态系统受到严重破坏，水生生物种类减少，个别严重污染河段甚至大型水生动物绝迹，已成为名副其实的排污沟，因此可作为黄河三角洲河流湿地生态系统恢复的优选工程。

（1）河流水体曝气修复。在各河流设置曝气点，进行水体曝气复氧生物修复，增加水体的溶解氧，从而有利于降解有机物的好氧土著菌的生长。

（2）构建人工氧化塘。利用各河流域内的坑塘湿地加以人工改建，建成氧化塘河水处理系统，处理后的河水用于浇灌农田或湿地。

（3）采用土地处理技术。选择各河段的盐碱荒地适宜地点，将被污染的河水施于地表，使之在植物土壤水分复合系统中经历自然的物理过程、化学过程和生物过程，达到预定的处理标准。

4）油田矿区湿地生态系统恢复工程

（1）水域污染的微生物修复。对石油污染的水域湿地采用投菌法修复，投入具有高效降解石油能力的微生物，环境强化修复主要是通过改变环境因素，如加入营养盐缓释肥料、亲油肥料、水溶性肥料改善污染水域通气状况，投加表面活性剂等提高微生物对石油的利用，使石油类物质得以氧化降解。

（2）土壤污染的生物修复。对石油污染土壤的修复，可采用生物培养法、投菌法、土地耕作法，其中生物培养法主要是指培养土著菌，投菌法是指引进外来菌；采用超富集植物的修复技术及普通富集植物的强化修复技术，可以修复受到重金属污染的土壤。

（3）水生植被修复。因人为破坏导致其裸露的湿地，采用挺水植物、浮叶植物、沉水植物等植被修复技术，恢复物种和群落的关键在于遴选出能适应本土的物种作为恢复的先锋物种，同时为水生植物群落的恢复提供建群物种。

5）自然保护区湿地生态保护与修复工程

黄河入海口地区是黄河三角洲生态演进最为剧烈、生态环境最为脆弱的区域，受黄河尾闾河道摆动、黄河来水量锐减的影响，加之自然保护区内仍有石油勘探和生产，浅海滩涂贝类被滥挖狂采，使黄河三角洲自然保护区内湿地生态系统破坏较重。

（1）改善湿地生态功能。通过在适宜地方修筑围堤，修筑引水渠，在雨季蓄积雨水、在黄河丰水期大量引蓄黄河水，采取蓄淡压碱等工程措施，恢复被破坏的湿地生态系统，扩大和恢复湿地资源，提高湿地质量和湿地的生产力，改善自然保护区内湿地的生态功能，保护生物多样性，为鸟类创造良好的栖息环境，有效遏制海水入侵。

（2）改善鸟类栖息地。实施鸟类栖息地改善工程，增加湿地的多样性，人为建设多样的生境，以便给保护的各种鸟类提供丰富的栖息环境。栖息地需要加强保护和改善的物种有鹤类、大鸨、小天鹅、天鹅、黑嘴鸥、东方白鹳等。

（3）加强巡护监测和法制管理。根据自然保护区自然资源和自然环境情况，全面实施生态保护管理，建立自然保护区巡护监测体系。针对保护区面临的保护与开发的矛盾，严格法律法规和制度建设，制定《山东黄河三角洲国家级自然保护区条例》，实行"一区一法"，依法管理。

5. 湿地保护管理建议

湿地是重要的生态资源，健康的湿地是国家生态安全的重要组成部分和经济社会可持续发展的重要自然保护基础。但是，人类活动与环境的矛盾日益突出，导致湿地生态环境的恶化和生物多样性的下降。因此，必须采取相应的措施，寻求湿地资源的可持续利用方式，达到湿地资源的保护与利用的有机协调。针对黄河三角洲湿地资源的保护管理现状，以及湿地保护管理过程存在的问题，站在国土安全、生态安全的角度，从湿地保护与利用的可持续性原则出发，提出黄河三角洲湿地保护管理建议。

1）巩固修复成果，确保生态用水

黄河三角洲湿地保护体系已基本建立，但是，由于经费投入问题，极大地制约了湿地保护工作的开展。将湿地保护与恢复工程纳入当地国民经济和社会发展规划，保证投入资金份额，加大湿地保护与修复工程建设。通过将湿地生态保护内容纳入水资源保护管理、水污染防治、区域生态环境建设等重大规划，解决长期以来影响湿地生态系统健康的主要制约因素，使湿地得到更加有效的保护和恢复。统筹协调区域内、流域内的水资源规划，兼顾湿地生态用水。

2）持续维护湿地生态系统和生物多样性

加大湿地恢复力度和实施野生动植物保护工程。着眼于生物多样性保护，根据生态学原理，营造多样性生境，重点建设旗舰物种，兼顾其他物种，构建适合不同鸟类繁殖和栖息的栖息地。根据不同鸟类需要不同的栖息地环境，实施栖息地保护工程；根据鸟类的制约因素，分别实施不同的保护工程，增加生物多样性（Noss et al.，1997）。针对保护区内影响生物多样性的入侵物种，探索其入侵机制及治理关键技术。坚持系统治理、科学治理的原则，因地制宜开展互花米草生态治理，构建潮间带综合治理修复模式，恢复潮间带生态系统。

3）深化理论研究，积极开展交流合作

积极开展同国内外科研机构和监测机构的合作与交流，对湿地现状进行全方位调查研究与评估，对已开展的工程项目进行全面系统评价，以生物多样性为保护目标，不断改进措施，将湿地恢复与生物多样性保护有机地结合起来，实现环境、人与自然的和谐统一。

鉴于黄河三角洲湿地具有独特的生态意义，应进一步加强与湿地国际（WI）、联合国开发计划署（UNDP）、世界自然基金会（WWF）、国际鹤类基金会（ICF）等国际湿地与湿地鸟类保护国际组织合作，积极倡议、参与和推动国际湿地保护工作的新行动，进一步扩大黄河三角洲湿地在国际湿地保护领域中的影响，把湿地生态环境保护管理工作提高到一个新的水平。

4）科学编制规划，加强自然保护区日常保护和管理

合理编制黄河三角洲湿地保护利用规划，建立湿地分级分类管理体系。对湿地资源的保护与开发要有合理的规划做指导，制定生态旅游发展规划，加强对沿海滩涂开发利用的管理力度，严厉禁止非法捕捞和开垦。建立保护与开发协调机制，正确处理各种矛盾。建立市各级政府、管理部门和相关利益群体参与的协调机制，正确处理好有关生态环境和鸟类保护等的有关问题。同时，加强对湿地污染的监测和控制，严禁工农业用水乱排偷排，加大宣传教育力度，提高公众保护湿地的意识。

5）加强科普教育，提高公众保护意识

借助黄河三角洲鸟类博物馆等宣教场所举行科普教育活动，有针对性地对湿地生态保护宣传教育进行创新与改革，针对不同受众的特点举办相应的活动，激发公众对湿地资源和生物多样性保护的热情。科学利用现代化科技和多样化方式引导公众进行湿地保护知识学习，向社会特别是广大青少年宣传爱护湿地、保护鸟类的知识，切实提高社会公众对湿地保护的责任意识，在全社会形成爱护湿地、保护生态的良好风气，促进政府全面履行保护湿地的职责，激发社会各界广泛参与保护湿地的热情。

6）建立黄河三角洲湿地资源信息管理系统

整合科研机构及相关部门各方力量，建立顺畅的信息沟通和协作机制，建立黄河三角洲湿地资源信息管理系统。以国内外湿地保护最新动态为导向，及时掌握国内外湿地保护与利用理论和实践的最新动态，明确保护和科学利用的主攻方向与湿地生态建设的途径及措施。持续监测湿地生态环境数据，包括水文、水质、土壤、大气和污染物数据，湿地内部及周边社会经济活动情况等，为保护政策的制定提供依据。同时，建立国际交流机制，及时引进国外在湿地保护、恢复和动态利用领域的先进理念、经验、方法和技术。

6. 保护生物多样性

1）建设生物自然保护工程

如实施以互花米草治理和盐地碱蓬、海草床恢复为主要内容的潮间带生态恢复工程，改善以鸟类为主的滩涂生物栖息地质量。推进珍稀濒危鸟类栖息地保护工程，加快实施 10 万亩湿地恢复工程，包括黄河口管理站 5.3 万亩湿地修复工程、大汶流管理站远望楼东 1.8 万亩淡水补给工程、一千二管理站东部 3 万亩湿地恢复和隔离带建设工程，保障黑嘴鸥繁殖地和栖息环境的安全（王志静，2020）。

2）设立自然保护区，加强林业保护

社会发展依赖于资源环境，随着社会快速发展，资源环境矛盾也日益尖锐。在此背景之下，自然保护区林业资源的保护与合理利用，是必须要做好的最后一

道防线。优化自然保护区林业资源的保护利用，具有重要的生态意义。同时，优化自然保护区林业资源的保护与利用，对维护社会稳定和促进经济发展同样具有重要意义。现代化林业保护在维持生态平衡方面起着重要作用，因为森林可以在改善黄河三角洲的土地环境方面起到巨大的促进作用，如可以在净化空气、保护湿地方面发挥作用（赵珊珊，2020）。山东黄河三角洲国家级自然保护区周边人口密集度较高，属人类活动较为频繁的区域，对植被生长影响较大，再加上当地气候条件影响，降水量大，植被破坏后容易遭受暴雨冲刷，严重制约其生态系统修复。因此，建立自然保护区，优化保护区林业资源保护利用对保障生态平衡尤为重要（李艳，2021）。

（1）重视人才培养，加强自然保护区管理。现阶段，人们对黄河三角洲自然保护区林业资源的保护与合理开发利用的重要性的认识还存在较大的不足，导致管理效率低下，保护区内林业资源利用不合理。因此，当地政府应充分发挥自然保护区管理委员会的重要作用，加强保护区林业资源保护利用重要性的宣传工作，让当地人参与到林业资源管理中，培养本土管理人才，有效组织当地居民齐抓共管，促进林业资源的可持续发展。同时，建立健全相关法律法规，运用强制手段，加强对当地居民的行为约束，有效遏制在利益驱使下当地居民乱砍滥伐的不良行为。此外，加强保护区内管理人员的培训，通过定期进行林业养护管理等相关专业培训及相关法律法规培训，提高管理能力，合理规划林业资源的保护与利用，确保保护区林业资源保护与利用的合理性。

（2）加大资金投入，加强政府干预力度。由于黄河三角洲自然保护区建设的特殊性，自然保护区内的破坏行为屡禁不止。当地政府应加大支持力度，从人力、物力、财力等各个方面，加强对自然保护区的建设投入。最重要的是，加大对自然保护区建设的资金投入，通过设置专项资金，及时更新完善保护区内各项设施设备，确保保护区内林业资源能够得到有效保护。同时，针对林业资源保护弱项，还要加强技术投入和新技术的应用，创新林业资源管护工作，提高林业资源保护力度。此外，针对保护区林业资源的特点，有针对性地制定保护措施，提高林业资源的管理保护力度，健全监测与监督体系，通过现代高科技手段，对保护区实施动态监测和保护，及时发现并有效制止区域内生态环境破坏及林业资源滥用等行为。在林业资源保护过程中，针对无法有效制止的破坏行为，要及时给予有效干预，通过行政警告、处罚等措施，严厉打击各种肆意侵占和非法破坏自然保护区的行为，以督促相关人员行为规范。

（3）加强保护区内病虫害防治工作。病虫害对林业资源的危害较大。在黄河三角洲自然保护区林业资源发展中，存在林业资源受病虫害影响较大的问题，要将病虫害防治工作作为林业资源保护与利用的重点工作，提前实施病虫害防治工作。自然保护区林业资源管理人员在工作过程中，需要对树木进行分类，结合树木特点科学配置，在保证生物多样性的基础上，提高林业资源的综合抗性，加强林木对病虫害的抵御能力。同时，在实施管理过程中，要加强对天气情况及气候条件等的监控，尤其是冬季，一旦监测到寒潮来袭，要提前做好应对的防护措施。还要加强对外来物种的监控，对外来物种的入侵，要制定好合理的应对策略，尽可能降低其对林业资源的破坏，确保林业资源健康。

7. 建立和完善政策制度

1）建立健全生态补偿机制，提高资源环境承载能力

完善对均衡性、重点生态功能区等一般性转移支付资金的管理办法，不断加大下游地区、径流区及重点水源区域困难县区的支持。探索建立跨界断面水质水量双控的流域生态补偿机制，完善和推广黄河流域水权交易机制，组建黄河流域水权交易中心。建立滩区生态移民补偿机制，探索多元化补偿方式，对因加强生态环境保护付出发展代价的地区实施补偿（董战峰等，2020a）。制定黄河三角洲高效生态区生态红线保护监督管理绩效考核办法，科学界定补偿类型、补偿主体、补偿内容、补偿方式，从自然补偿、经济补偿、社会补偿三个维度开展生态补偿。以生态补偿转移支付资金全额支持生态地区内划定生态红线区的环境保护、生态修复和生态补偿，持续提高资源环境承载能力，提升区域发展整体潜力（程钰等，2017）。

2）严格生态环境监管与执法

建立黄河下游生态环境保护联防联控机制，由河南、山东各级政府牵头负责统一协调组织生态环境、自然资源、农业农村等涉河部门建立联合执法机制。相关涉河部门联合对各行业内法规进行梳理，查找冲突点与契合点，逐一进行分析研判，建立一套完善的联合执法法律法规支撑系统。强化与公、检、法机关的沟通协作机制建设，加强执法联动，明确涉河刑事案件和公益诉讼案件等衔接程序，规范案件办理工作，形成有效的执法合力，有力打击黄河下游河道内各类涉河违法活动。打通生态环境信息共享平台（董战峰等，2020c）。

3）加强黄河下游地区大气、水、土壤等生态环境信息公开，联合建立信息公开和共享平台

形成生态环境质量、污染源排放、环境执法、环评管理、自然生态、核与辐射等数据整合集成、动态更新，实现下游地区生态环境大数据共享开放。以生物多样性优先保护区域为重点，开展生态系统、物种、遗传资源及相关传统知识调查和健全地方生态环境立法与标准。推进大气污染防治、饮用水水源地保护、土壤污染防治等地方立法和标准制定，形成和固化最严格的水功能区划制度、排污口设置管理制度、水资源管理和节约制度、生态保护红线监管制度、河道管理和滩区治理制度、生态环境分区管控制度、区域协同监督管理制度、生态保护补偿

制度等，为黄河流域下游治理与保护提供制度保障（董战峰等，2020c）。

总体来看，黄河流域岸线保护与利用突出问题与改善建议包括以下几个方面：

（1）岸线开发程度低，岸线功能结构不尽合理。目前通过高分遥感影像解译及野外调查，分析得到黄河干流岸线开发利用率为 28%，其中 68.62%的开发利用岸线为村庄用地。若将村庄用地视为自然岸线，黄河干流岸线开发利用率为 8.79%，岸线开发程度较低。其他类型人工岸线占比较低，黄河干流岸线功能结构不合理。建议进一步认清各类岸线的价值与功能，进行科学合理的规划利用，合理安排各类岸线的空间及结构。

（2）缺乏统筹规划、化工企业沿河布局存在较大隐患。目前黄河岸线缺乏统筹规划，造成上中下游、河道两岸岸线资源利用及水资源配置不协调、供需矛盾突出，上游灌区耗水量大、下游河段经常断流，影响下游生产生活及生态环境。基本农田、自然保护区及防洪工程的建设管理存在交叉影响，河流管理范围的确权划界不清。同时，黄河沿岸布局着数百家化工企业，严重影响当地及下游地区的饮水安全及大气环境。建议实行全流域水量统一调度，完善岸线资源及水资源高效利用体系，并严查黄河沿岸排污口。

（3）黄河河南段存在防洪安全问题。水沙调控体系不完善，造成二级悬河发育，威胁下游地区人民群众生命财产安全。小浪底至花园口有 1.8 万 km^2 河道整治工程不配套、各级悬河发育严重，游荡型河道尚未得到有效控制、横河斜河发育，汛期泄洪经常发生，严重威胁堤防安全，滩区群众生产、生活及安全问题尚未得到有效解决，与新时代防洪法案的要求还有很大差距。建议完善全流域综合治理体系，坚持系统观念，强化底线思维，以流域为单元，加快完善由河道及堤防、水库、分蓄洪区等组成的现代化防洪工程体系，大幅提升洪涝灾害防御能力。

（4）存在下游断流、湿地萎缩、部分地区水质差、水生态失衡、生物多样性减少等问题。建议完善水资源及生态环境保护体系，严格生态红线区域与生态敏感区域的法制保护与监督管理，加强黄河及黄河流域生态治理与生态修复工程建设，恢复物种多样性。推进农业面源污染治理，加强对涉水工业企业的管理，以水质改善为目标，倒逼企业减少污水排放。上中下游统筹协调，健全生态补偿制度的建设与资金的投入，促进社会经济绿色转型，让山水林田湖草沙遍地生金。

参 考 文 献

包玉斌, 李婷, 柳辉, 等. 2016. 基于 InVEST 模型的陕北黄土高原水源涵养功能时空变化[J]. 地理研究, 35(4): 664-676.

包玉斌, 刘康, 李婷, 等. 2015. 基于 InVEST 模型的土地利用变化对生境的影响: 以陕西省黄河湿地自然保护区为例[J]. 干旱区研究, 32(3): 622-629.

曹叶琳, 宋进喜, 李明月, 等. 2020. 陕西省生态系统水源涵养功能评估分析[J]. 水土保持学报, 34(4): 217-223.

曹越, 侯姝彧, 曾子轩, 等. 2020. 基于"三类分区框架"的黄河流域生物多样性保护策略[J]. 生物多样性, 28(12): 1447-1458.

陈琳, 任春颖, 王灿, 等. 2017. 6 个时期黄河三角洲滨海湿地动态研究[J]. 湿地科学, 15(2): 179-186.

陈强, 陈云浩, 王萌杰, 等. 2014. 2001—2010 年黄河流域生态系统植被净第一性生产力变化及气候因素驱动分析[J]. 应用生态学报, 25(10): 2811-2818.

陈沈良, 谷国传, 吴桑云. 2007. 黄河三角洲风暴潮灾害及其防御对策[J]. 地理与地理信息科学, 23(3): 100-104, 112.

陈肖飞, 郜瑞瑞, 韩腾腾, 等. 2020. 人口视角下黄河流域城市收缩的空间格局与影响因素[J]. 经济地理, 40(6): 37-46.

陈怡平, 傅伯杰. 2019. 关于黄河流域生态文明建设的思考[N]. 中国科学报, 2019-12-20(6).

陈怡平, 傅伯杰. 2021. 黄河流域不同区段生态保护与治理的关键问题[N]. 中国科学报, 2021-03-02(7).

程慧. 2019. 近 40 年来黄河三角洲孤东近岸的冲淤演变及其影响因素[D]. 上海: 华东师范大学.

程钰, 任建兰, 侯纯光, 等. 2017. 沿海生态地区空间均衡内涵界定与状态评估: 以黄河三角洲高效生态经济区为例[J]. 地理科学, 37(1): 83-91.

戴英生. 1983. 黄河的形成与发育简史[J]. 人民黄河, (6): 2-7.

党维勤. 2007. 黄土高原小流域可持续综合治理探讨[J]. 中国水土保持科学, 5(4): 85-89.

丁辉, 安金朝. 2015. 黄河上游甘南段生态系统服务价值估算[J]. 人民黄河, 37(5): 74-76.

丁艳峰, 潘少明. 2007. 近 50 年黄河入海径流变化特征及影响因素分析[J]. 第四纪研究, 27(5): 709-717.

丁一汇, 柳艳菊, 徐影, 等. 2023. 全球气候变化的区域响应: 中国西北地区气候"暖湿化"趋势、成因及预估研究进展与展望[J]. 地球科学进展, 38(6): 551-562.

董锁成, 厉静文, 李宇, 等. 2021. 黄河流域荒漠化协同防治与上、中、下游绿色发展[J]. 环境与可持续发展, 46(2): 44-49.

董战峰, 郝春旭, 璩爱玉, 等. 2020a. 黄河流域生态补偿机制建设的思路与重点[J]. 生态经济,

36(2): 196-201.

董战峰, 邱秋, 李雅婷. 2020b. 《黄河保护法》立法思路与框架研究[J]. 生态经济, 36(7): 22-28.

董战峰, 璩爱玉, 冀云卿. 2020c. 高质量发展战略下黄河下游生态环境保护[J]. 科技导报, 38(14): 109-115.

段学军, 邹辉, 陈维肖, 等. 2019. 岸线资源评估、空间管控分区的理论与方法: 以长江岸线资源为例[J]. 自然资源学报, 34(10): 2209-2222.

房用, 慕宗昭, 孟振农, 等. 2004. 黄河三角洲湿地生态系统保育及恢复技术研究展望[J]. 水土保持研究, 11(2): 183-186.

冯海英. 2022. "天下黄河富宁夏"的载体和见证: 宁夏境内黄河文化遗产的调查研究[J]. 民族艺林, (1): 5-11.

傅伯杰. 2016. 土地利用和景观工程的水土保持效应[J]. 西部大开发(土地开发工程研究), (3): 41-49, 67.

傅伯杰, 邱扬, 王军, 等. 2002. 黄土丘陵小流域土地利用变化对水土流失的影响[J]. 地理学报, 57(6): 717-722.

傅声雷. 2020. 黄河流域生物多样性保护应考虑复杂的空间异质性[J]. 生物多样性, 28(12): 1445-1446.

戈银庆. 2009. 黄河水源地生态补偿博弈分析: 以甘南玛曲为例[J]. 兰州大学学报(社会科学版), 37(5): 106-111.

河南省地方史志编纂委员会. 1991. 河南省志·第四卷·黄河志[M]. 郑州: 河南人民出版社.

何智娟, 黄锦辉, 潘轶敏, 等. 2010. 黄河流域生态系统特征及下游生态修复实践[J]. 环境与可持续发展, 35(4): 9-13.

和夏冰, 殷培红. 2018. 墨累-达令河流域管理体制改革及其启示[J]. 世界地理研究, 27(5): 52-59.

侯晓臣, 孙伟, 李建贵, 等. 2018. 森林生态系统水源涵养能力计量方法研究进展与展望[J]. 干旱区资源与环境, 32(1): 121-127.

黄翀, 刘高焕, 王新功, 等. 2012. 黄河流域湿地格局特征、控制因素与保护[J]. 地理研究, 31(10): 1764-1774.

"黄河流域生态保护和高质量发展战略研究"综合组. 2022. 黄河流域生态保护和高质量发展协同战略体系研究[J]. 中国工程科学, 24(1): 93-103.

"黄河流域水系统治理战略与措施"项目组. 2021. 黄河流域水系统治理战略研究[J]. 中国水利, (5): 1-4.

黄建平, 张国龙, 于海鹏, 等. 2020. 黄河流域近40年气候变化的时空特征[J]. 水利学报, 51(9): 1048-1058.

黄金, 饶胜, 王夏晖, 等. 2021. 墨累-达令河生态用水保障实践对黄河的启示[J]. 人民黄河, 43(6): 92-97.

黄锦辉, 史晓新, 张蕾, 等. 2006. 黄河生态系统特征及生态保护目标识别[J]. 中国水土保持, (12): 14-17.

黄奕龙, 傅伯杰, 陈利顶. 2003. 黄土高原水土保持建设的环境效应[J]. 水土保持学报, 17(1):

29-32.

计伟, 刘海江, 高吉喜, 等. 2021. 黄河流域生态质量时空变化分析[J]. 环境科学研究, 34(7): 1700-1709.

贾艳艳, 王少杰, 刘福胜, 等. 2020. 黄河三角洲高效生态经济区土地利用变化及其与生境质量的相关性[J]. 水土保持通报, 40(6): 213-220, 227, 后插2.

贾振刚. 2019. 黄河三角洲湿地对生态环境的影响研究[J]. 无线互联科技, 16(20): 163-164.

焦金英. 2022. 河南省黄河流域传统村落空间分布特征与影响因素分析[J]. 三门峡职业技术学院学报, 21(2): 22-28.

金凤君. 2019. 黄河流域生态保护与高质量发展的协调推进策略[J]. 改革, (11): 33-39.

康玲玲, 王云璋, 王霞, 等. 2001. 黄土高原沟壑区水土保持综合治理关键措施与组合研究[J]. 水土保持学报, 15(4): 59-62, 81.

孔祥伦, 李云龙, 韩美, 等. 2020. 1990年以来3个时期黄河三角洲天然湿地的分布及其变化的驱动因素研究[J]. 湿地科学, 18(5): 603-612.

孔岩, 王红, 任立良. 2012. 黄河入海径流变化及影响因素[J]. 地理研究, 31(11): 1981-1990.

郎奎建, 李长胜, 殷有, 等. 2000. 林业生态工程10种森林生态效益计量理论和方法[J]. 东北林业大学学报, 28(1): 1-7.

雷军成, 刘纪新, 雍凡, 等. 2017. 基于CLUE-S和InVEST模型的五马河流域生态系统服务多情景评估[J]. 生态与农村环境学报, 33(12): 1084-1093.

李继伟, 贠元璐, 陈雄波, 等. 2020. 基于黄河河口治理的东营市滩涂利用方式初探[J]. 人民黄河, 42(S2): 34-36.

李晶, 任志远. 2008. 陕北黄土高原生态系统涵养水源价值的时空变化[J]. 生态学杂志, 27(2): 240-244.

李林, 申红艳, 戴升, 等. 2011. 黄河源区径流对气候变化的响应及未来趋势预测[J]. 地理学报, 66(9): 1261-1269.

李万志, 刘玮, 张调风, 等. 2018. 气候和人类活动对黄河源区径流量变化的贡献率研究[C]//第35届中国气象学会年会S6应对气候变化、低碳发展与生态文明建设: 262-265.

李艳. 2021. 如何优化自然保护区林业资源保护利用: 以黄河三角洲为例[J]. 现代园艺, 44(4): 173-174.

李彦敏, 张兰珠. 1990. 近代黄河三角洲林业资源的开发利用[J]. 自然资源, (2): 24-30.

李政海, 王海梅, 刘书润, 等. 2006. 黄河三角洲生物多样性分析[J]. 生态环境, 15(3): 577-582.

梁双波, 刘玮辰, 曹有挥, 等. 2019. 长江港口岸线资源利用及其空间效应[J]. 长江流域资源与环境, 28(11): 2672-2680.

刘彩红, 王朋岭, 温婷婷, 等. 2021. 1960—2019年黄河源区气候变化时空规律研究[J]. 干旱区研究, 38(2): 293-302.

刘昌明, 田巍, 刘小莽, 等. 2019. 黄河近百年径流量变化分析与认识[J]. 人民黄河, 41(10): 11-15.

刘存功, 尚俊生, 刘敏, 等. 2013. 黄河三角洲地区生态环境问题研究[J]. 科技信息, (1): 480-481.

刘耕源, 杨青, 黄俊勇. 2020. 黄河流域近十五年生态系统服务价值变化特征及影响因素研究[J]. 中国环境管理, 12(3): 90-97.

刘洁, 孟宝平, 葛静, 等. 2019. 基于 CASA 模型和 MODIS 数据的甘南草地 NPP 时空动态变化研究[J]. 草业学报, 28(6): 19-32.

刘琳轲, 梁流涛, 高攀, 等. 2021. 黄河流域生态保护与高质量发展的耦合关系及交互响应[J]. 自然资源学报, 36(1): 176-195.

刘宁, 孙鹏森, 刘世荣, 等. 2013. 流域水碳过程耦合模拟: WaSSI-C 模型的率定与检验[J]. 植物生态学报, 37(6): 492-502.

刘树坤. 2003. 刘树坤访日报告: 自然共生型流域圈与都市的再生(八)[J]. 海河水利, (2): 62-64, 70.

刘霜婷. 2021. 基于内涵认知的陕西黄河文化遗产构成体系研究[D]. 西安: 西安建筑科技大学.

刘昀, 刘敏. 2020. 风暴潮对黄河三角洲生态湿地的危害及应对措施[C]//河海大学, 生态环境部黄河流域生态环境监督管理局, 华北水利水电大学, 等. 2020(第八届)中国水生态大会论文集: 5.

鲁枢元, 陈先德. 2001. 黄河文化丛书·黄河史[M]. 郑州: 河南人民出版社, 78.

吕忠梅, 等. 2006. 长江流域水资源保护立法研究[M]. 武汉: 武汉大学出版社: 227-304.

马成俊, 鄂崇荣, 毕艳君, 2007. 守望远逝的精神家园: 对黄河上游小民族非物质文化遗产的调研报告[J]. 西北民族研究, (3): 18-30, 76.

马梦雅. 2021. 《长江保护法》对黄河立法的借鉴研究[D]. 郑州: 华北水利水电大学.

马涛, 王昊, 谭乃榕, 等. 2021. 流域主体功能优化与黄河水资源再分配[J]. 自然资源学报, 36(1): 240-255.

苗长虹. 2022. 黄河流域城市群基本特征与高质量发展路径[J]. 人民论坛·学术前沿, (22): 62-69.

闵庆文, 刘某承, 杨伦. 2018. 黄河流域农业文化遗产的类型、价值与保护[J]. 民主与科学, (6): 26-28.

宁婷, 郭新亚, 荣月静, 等. 2019. 基于 RUSLE 模型的山西省生态系统土壤保持功能重要性评估[J]. 水土保持通报, 39(6): 205-210.

牛馨卿, 张新, 朱长明, 等. 2023. 基于遥感的黄河三角洲湿地时空变化特征及驱动因素研究[J]. 河北工程大学学报(自然科学版), 40(3): 91-98, 112.

牛玉国, 岳彩俊. 2020. 黄河流域生态文明建设实践[J]. 中国水利, (17): 22-24.

潘坤友, 曹有挥, 梁双波. 2013. 行政区划调整背景下芜湖市岸线资源的时空演变与优化[J]. 长江流域资源与环境, 22(4): 418-425.

潘启民, 宋瑞鹏, 马志瑾. 2017. 黄河花园口断面近 60 年来水量变化分析[J]. 水资源与水工程学报, 28(6): 79-82.

裴俊, 杨薇, 王文燕. 2018. 淡水恢复工程对黄河三角洲湿地生态系统服务的影响[J]. 北京师范大学学报(自然科学版), 54(1): 104-112.

乔飞, 富国, 徐香勤, 等. 2018. 三江源区水源涵养功能评估[J]. 环境科学研究, 31(6): 1010-1018.

史念海. 1986. 中国古都形成的因素[C]//中国古都学会. 中国古都研究(第四辑)——中国古都学

会第四届年会论文集: 36.

史会剑, 于晓霞, 苏志慧. 2021. 黄河流域生态补偿研究进展与展望[J]. 环境与可持续发展, 46(2): 56-60.

史培军, 王静爱, 冯文利, 等. 2006. 中国土地利用/覆盖变化的生态环境安全响应与调控[J]. 地球科学进展, 21(2): 111-119.

水利部黄河水利委员会. 2011a. 综述[A/OL].(2011-08-14). http://www.yrcc.gov.cn/hhyl/hhgk/zs/201108/t20110814_103443.html.

水利部黄河水利委员会. 2011b. 流域范围及其历史变化[A/OL].(2011-08-14). http://www.yrcc.gov.cn/hhyl/hhgk/hd/lyfw/201108/t20110814_103452.html.

水利部黄河水利委员会. 2011c. 流域地貌及地理区划[A/OL].(2011-08-14). http://www.yrcc.gov.cn/hhyl/hhgk/dm/lydm/201108/t20110814_103299.html.

水利部黄河水利委员会. 2011d. 污染源[A/OL].(2011-08-14). http://www.yrcc.gov.cn/hhyl/hhgk/qh/sz/201108/t20110814_103521.html.

水利部黄河水利委员会. 2011e. 流域行政区划[A/OL].(2011-08-14). http://www.yrcc.gov.cn/hhyl/hhgk/hd/lyfw/201108/t20110814_103296.html.

水利部黄河水利委员会. 2011f. 与黄河相关地区[A/OL].(2011-08-14). http://www.yrcc.gov.cn/hhyl/hhgk/hd/lyfw/201108/t20110814_103298.html.

水利部黄河水利委员会. 2011g. 黄河下游河道变迁[A/OL].(2011-08-14). http://www.yrcc.gov.cn/hhyl/hhgk/hd/ls/201108/t20110814_103446.html.

水利部黄河水利委员会. 2013. 黄河流域综合规划(2012—2030 年)[M]. 郑州: 黄河水利出版社.

水利部黄河水利委员会. 2024. 黄河流域水土保持公报(2023 年)[R/OL]. (2024-07-05). http://www.yrcc.gov.cn/gzfw/stbcgb/hhlystbcgb/202407/P020240705583444925080.pdf.

宋创业, 刘高焕, 刘庆生, 等. 2008. 黄河三角洲植物群落分布格局及其影响因素[J]. 生态学杂志, 27(12): 2042-2048.

宋蕾. 2009. 世界流域水资源立法模式之比较[J]. 武汉大学学报(哲学社会科学版), 62(6): 768-771.

宋守旺. 2019. 黄河三角洲保护区自然资源的开发与保护[J]. 环境与发展, 31(1): 188-189.

孙永军. 2008. 黄河流域湿地遥感动态监测研究[D]. 北京: 北京大学.

孙志高, 牟晓杰, 陈小兵, 等. 2011. 黄河三角洲湿地保护与恢复的现状、问题与建议[J]. 湿地科学, 9(2): 107-115.

谈国良, 万军. 2002. 美国田纳西河的流域管理[J]. 中国水利, (10): 157-159.

谭文娟, 赵国斌, 魏建设, 等. 2023. 黄河流域矿产资源禀赋、分布规律及开发利用潜力[J]. 西北地质, 56(2): 163-174.

田磊, 孙凤芝, 张淑娴. 2022. 黄河流域非物质文化遗产空间分布特征及影响因素[J]. 干旱区资源与环境, 36(5): 186-192.

田智慧, 张丹丹, 赫晓慧, 等. 2019. 2000—2015 年黄河流域植被净初级生产力时空变化特征及其驱动因子[J]. 水土保持研究, 26(2): 255-262.

王传胜. 1999. 长江中下游岸线资源的保护与利用[J]. 资源科学, (6): 66-69.

王光谦, 钟德钰, 吴保生. 2020. 黄河泥沙未来变化趋势[J]. 中国水利, (1): 9-12, 32.

王国安, 史辅成, 郑秀雅, 等. 1999. 黄河三门峡水文站1470～1918年年径流量的推求[J]. 水科学进展, (2): 170-176.

王国庆, 乔翠平, 刘铭璐, 等. 2020. 气候变化下黄河流域未来水资源趋势分析[J]. 水利水运工程学报, (2): 1-8.

王浩, 何凡, 何国华, 等. 2020. 黄河流域水治理准则、路径与方略[J]. 水利发展研究, 20(10): 5-9.

王辉源, 宋进喜, 孟清. 2020. 秦岭水源涵养功能解析[J]. 水土保持学报, 34(6): 211-218.

王建华, 胡鹏, 龚家国. 2019. 实施黄河口大保护 推动黄河流域生态文明建设[J]. 人民黄河, 41(10): 7-10.

王建勋, 郑粉莉, 江忠善, 等. 2008. WEPP模型(坡面版)在黄土丘陵沟壑区的适用性评价: 以坡度因子为例[J]. 泥沙研究, (6): 52-60.

王丽, 黄征学, 黄顺江. 2021. 宁夏沿黄地区生态环境现状和保护思路[J]. 环境与可持续发展, 46(2): 61-66.

王亚华, 毛恩慧, 徐茂森. 2020. 论黄河治理战略的历史变迁[J]. 环境保护, 48(S1): 28-32.

王延贵, 史红玲, 亓麟, 等. 2011. 黄河下游典型灌区水沙资源配置方案与评价[J]. 人民黄河, 33(3): 60-63, 144.

王尧, 陈睿山, 夏子龙, 等. 2020. 黄河流域生态系统服务价值变化评估及生态地质调查建议[J]. 地质通报, 39(10): 1650-1662.

王有强, 司毅铭, 张道军. 2005. 流域水资源保护与可持续利用[M]. 郑州: 黄河水利出版社.

王煜, 彭少明, 武见, 等. 2019. 黄河"八七"分水方案实施30a回顾与展望[J]. 人民黄河, 41(9): 6-13, 19.

王志静. 2020. 山东东营市推进黄河口湿地生态保护[J]. 中国国情国力, (1): 76-78.

吴丹, 邵全琴, 刘纪远, 等. 2016. 三江源地区林草生态系统水源涵养服务评估[J]. 水土保持通报, 36(3): 206-210.

吴庆洲. 2009. 中国古城防洪研究[M]. 北京: 中国建筑工业出版社.

吴永铭. 1993. 滨海城市岸线规划研究[M]. 广州: 中山大学出版社.

吴玉虎. 2003. 黄河源区天然草场的保护与建设[J]. 中国草地, 25(5): 58-64.

习近平. 2019. 在黄河流域生态保护和高质量发展座谈会上的讲话[N/OL]. (2019-10-15). https://www.gov.cn/xinwen/2019-10/15/content_5440023.htm?eqid=8f20e4a100071c8b0000000026490 0e81.

肖培青, 吕锡芝, 张攀. 2020. 黄河流域水土保持科研进展及成效[J]. 中国水土保持, (10): 6-9.

肖玉, 谢高地, 安凯. 2003. 青藏高原生态系统土壤保持功能及其价值[J]. 生态学报, 23(11): 2367-2378.

解振华. 2021. 做好黄河流域生态保护和高质量发展的关键之举: 在"黄河流域生态保护和高质量发展"国际论坛上的主旨演讲[J]. 环境与可持续发展, 46(2): 3-5.

徐祥民, 李冰强. 2011. 渤海管理法的体制问题研究[M]. 北京: 人民出版社: 118-147.

徐新良, 刘纪远, 邵全琴, 等. 2008. 30年来青海三江源生态系统格局和空间结构动态变化[J].

地理研究, 27(4): 829-838, 974.

荀德麟. 2015. 黄河故道的形成及其文化遗产[J]. 江苏地方志, (1): 24-26.

闫树人, 郝美丽. 2022. 黄河流域河南段体育非物质文化遗产的空间分布特征及影响因素研究 [J]. 南阳师范学院学报, 21(4): 44-50.

杨朝霞. 2022. 黄河保护法的五大亮点[J]. 中国水利, (21): 前插 1.

杨丹, 常歌, 赵建吉. 2020. 黄河流域经济高质量发展面临难题与推进路径[J]. 中州学刊, (7): 28-33.

杨桂山, 施少华, 王传胜, 等. 1999. 长江江苏段岸线利用与港口布局[J]. 长江流域资源与环境, 8(1): 17-22.

杨洁, 谢保鹏, 张德罡. 2021. 黄河流域生境质量时空演变及其影响因素[J]. 中国沙漠, 41(4): 12-22.

杨敏, 束锡红, 王旭, 等. 2015. 黄河流域岩画文化遗产数据库建设与保护[J]. 图书馆理论与实 践, (11): 112-115.

杨柠, 李淼, 刘汗, 等. 2020. 优化调整黄河"八七"分水方案的初步思考[J]. 水利发展研究, 20(10): 102-104.

杨翊辰, 刘柏君, 崔长勇. 2021. 黄河流域用水演变特征及水资源情势识别研究[J]. 人民黄河, 43(1): 61-66.

姚明, 王如高, 曲泽静. 2010. 黄河祭祀文化传承与弘扬探微[J]. 河海大学学报(哲学社会科学 版), 12(1): 37-40.

叶青超. 1994. 黄河流域环境演变与水沙运行规律研究综述[J]. 人民黄河, (2): 1-4.

尹国康, 陈钦峦. 1989. 黄土高原小流域特性指标与产沙统计模式[J]. 地理科学进展, 44(1): 32-46.

尹云鹤, 吴绍洪, 赵东升, 等. 2016. 过去 30 年气候变化对黄河源区水源涵养量的影响[J]. 地理 研究, 35(1): 49-57.

雍国玮, 石承苍, 邱鹏飞. 2003. 川西北高原若尔盖草地沙化及湿地萎缩动态遥感监测[J]. 山地 学报, 21(6): 758-762.

张琨, 吕一河, 傅伯杰. 2017. 黄土高原典型区植被恢复及其对生态系统服务的影响[J]. 生态与 农村环境学报, 33(1): 23-31.

张谦益. 1998. 海港城市岸线利用规划若干问题探讨[J]. 城市规划, 22(2): 50-52.

张森琦. 2002. 黄河源区 1:25 万生态环境地质调查[R]. 西宁: 青海省地质调查院.

张晓娟. 2013. 蓝色经济战略下的黄河三角洲湿地生态保护研究[D]. 青岛: 中国海洋大学.

张一. 2021. 河南黄河区域文化遗产时空间分布特征: 以不可移动文物为例[J]. 地域研究与开 发, 40(6): 160-165, 176.

张振东, 常军. 2021. 2001—2018 年黄河流域植被 NPP 的时空分异及生态经济协调性分析[J]. 华 中农业大学学报, 40(2): 166-177.

赵虎, 杨松, 郑敏. 2021. 基于水利特性的黄河文化遗产构成刍议[J]. 城市发展研究, 28(2): 83-89.

赵珊珊. 2020. 黄河三角洲的湿地恢复和生物多样性保护策略探索[J]. 农业与技术, 40(17):

106-107.

赵银军. 2013. 基于地貌特征的河流分类及其功能管理研究[D]. 北京: 北京师范大学.

赵云, 张正秋. 2022. 大河景观——黄河文化遗产系统的整体认知[J]. 中国文化遗产, 111(5): 52-61.

郑粉莉, 刘峰, 杨勤科, 等. 2001. 土壤侵蚀预报模型研究进展[J]. 水土保持通报, 21(6): 16-18, 32.

郑弘毅. 1982. 海港区域性港址选择的经济地理分析[J]. 经济地理, 2(2): 114-119.

郑弘毅. 1991. 港口城市探索[M]. 南京: 河海大学出版社.

周刚炎. 2007. 莱茵河流域管理的经验和启示[J]. 水利水电快报, 28(5): 28-31.

周日平. 2019. 黄土高原典型区土壤保持服务效应研究[J]. 国土资源遥感, 31(2): 131-139.

周正朝, 上官周平. 2004. 土壤侵蚀模型研究综述[J]. 中国水土保持科学, 2(1): 52-56.

朱尖, 姜维公. 2013. 黄河故道线性文化遗产旅游价值评价与开发研究[J]. 资源开发与市场, 29(5): 553-556.

朱书玉, 王伟华, 王玉珍, 等. 2011. 黄河三角洲自然保护区湿地恢复与生物多样性保护[J]. 北京林业大学学报, 33(S2): 1-5.

朱莹莹. 2019. 1992—2015 年黄河流域植被净初级生产力遥感估算及其对气候变化的响应[D]. 西安: 长安大学.

卓静, 何慧娟, 邹继业. 2017. 近 15 a 秦岭林区水源涵养量变化特征[J]. 干旱区研究, 34(3): 604-612.

左大康, 叶青超. 1991. 黄河流域环境演变与水沙运行规律[J]. 中国科学基金, 4(6): 23-27.

Rother K H. 2006. 莱茵河流域防洪规划——发展及其实施(论文摘编)[J]. 长江流域资源与环境, (5): 620.

Al Ansari F. 2009. Public open space on the transforming urban waterfronts of Bahrain: The case of Manama City[D]. Newcastle: University of Newcastle Upon Tyne.

Arnoldus H M J. 1980. An approximation of the rainfall factor in the universal soil loss equation[M]// De Boodt M, Gabriels D. Assessment of Erosion. Chichester: Wiley: 127-132.

Ausseil A G E, Dymond J R, Kirschbaum M U F, et al. 2013. Assessment of multiple ecosystem services in New Zealand at the catchment scale[J]. Environmental Modelling and Software, 43: 37-48.

Bryan B A, Gao L, Ye Y Q, et al. 2018. China's response to a national land-system sustainability emergency[J]. Nature, 559: 193-204.

Cao Y H, Cao W D. 2011. Research on the waterfront resources development mode of the Yangtze River in Anhui Province[C]//2011 International Conference on Remote Sensing, Environment and Transportation Engineering. Nanjing. IEEE: 2440-2443.

Chen Y P, Fu B J, Zhao Y, et al. 2020. Sustainable development in the Yellow River Basin: Issues and strategies[J]. Journal of Cleaner Production, 263: 121223.

Cheung D M, Tang B. 2015. Social order, leisure, or tourist attraction? The changing planning missions for waterfront space in Hong Kong[J]. Habitat International, 47: 231-240.

Ding Q L, Chen Y, Bu L T, et al. 2021. Multi-scenario analysis of habitat quality in the Yellow River

Delta by coupling FLUS with InVEST model[J]. International Journal of Environmental Research and Public Health, 18(5): 2389.

Dollar K T, Whiteaker L H, Dickinson W C. 2011. Sister States, Enemy States: The Civil War in Kentucky and Tennessee[M]. Lexington: University Press of Kentucky.

Ellis E C, Pascual U, Mertz O. 2019. Ecosystem services and nature's contribution to people: Negotiating diverse values and trade-offs in land systems[J]. Current Opinion in Environmental Sustainability, 38: 86-94.

Fellman J B, Hood E, Dryer W, et al. 2015. Stream physical characteristics impact habitat quality for Pacific salmon in two temperate coastal watersheds[J]. PLoS One, 10(7): e0132652.

Fu B J, Liu Y, Lue Y H, et al. 2011. Assessing the soil erosion control service of ecosystems change in the Loess Plateau of China[J]. Ecological Complexity, 8(4): 284-293.

Gao X R, Sun M, Zhao Q, et al. 2017. Actual ET modelling based on the Budyko framework and the sustainability of vegetation water use in the Loess Plateau[J]. Science of the Total Environment, 579: 1550-1559.

Jiang C, Zhang H Y, Zhang Z D. 2018. Spatially explicit assessment of ecosystem services in China's Loess Plateau: Patterns, interactions, drivers, and implications[J]. Global and Planetary Change, 161: 41-52.

Kunwar R M, Evans A, Mainali J, et al. 2020. Change in forest and vegetation cover influencing distribution and uses of plants in the Kailash Sacred Landscape, Nepal[J]. Environment, Development and Sustainability, 22(2): 1397-1412.

Li P, Sheng M Y, Yang D W, et al. 2019. Evaluating flood regulation ecosystem services under climate, vegetation and reservoir influences[J]. Ecological Indicators, 107: 105642.

Liu B Y, Zhang K L, Xie Y. 2002. An empirical soil loss equation[C]. 12th ISCO Conference, Volume II: 21-25.

Liu J J, Wilson M, Hu G, et al. 2018. How does habitat fragmentation affect the biodiversity and ecosystem functioning relationship?[J]. Landscape Ecology, 33(3): 341-352.

Liu Y, Zhao L, Yu X B. 2020. A sedimentological connectivity approach for assessing on-site and off-site soil erosion control services[J]. Ecological Indicators, 115: 106434.

Luo D L, Jin H J, Bense V F, et al. 2020. Hydrothermal processes of near-surface warm permafrost in response to strong precipitation events in the Headwater Area of the Yellow River, Tibetan Plateau[J]. Geoderma, 376: 114531.

Lv M X, Ma Z G, Li M X, et al. 2019. Quantitative analysis of terrestrial water storage changes under the grain for green program in the Yellow River Basin[J]. Journal of Geophysical Research: Atmospheres, 124(3): 1336-1351.

Ma T T, Li X W, Bai J H, et al. 2019. Four decades' dynamics of coastal blue carbon storage driven by land use/land cover transformation under natural and anthropogenic processes in the Yellow River Delta, China[J]. Science of the Total Environment, 655: 741-750.

McIntyre J. 2002. Critical systemic praxis for social and environmental justice: A case study of management, governance, and policy[J]. Systemic Practice and Action Research, 15(1): 3-35.

Naiman R J, Latterell J J. 2005. Principles for linking fish habitat to fisheries management and conservation[J]. Journal of Fish Biology, 67(Sup.B): 166-185.

Noss R F, O'Connell M A, Murphy D D. 1997. The Science of Conservation Planning: Habitat Conservation Under the Endangered Species Act[M]. Washington, DC: Island Press.

Ouyang Z Y, Zheng H, Xiao Y, et al. 2016. Improvements in ecosystem services from investments in natural capital[J]. Science, 352(6292): 1455-1459.

Salo J A, Theobald D M. 2016. A multi-scale, hierarchical model to map riparian zones[J]. River Research and Applications, 32(8): 1709-1720.

Shangguan W, Dai Y J, Liu B Y, et al. 2013. A China data set of soil properties for land surface modeling[J]. Journal of Advances in Modeling Earth Systems, 5(2): 212-224.

Sharp R, Chaplin-Kramer R, Wood S, et al. 2018. InVEST 3.2.0 User's Guide [Z]. The Natural Capital Project, Stanford University, University of Minnesota, The Nature Conservancy, World Wild‐life Fund.

Wang T H, Yang H B, Yang D W, et al. 2018. Quantifying the streamflow response to frozen ground degradation in the source region of the Yellow River within the Budyko framework[J]. Journal of Hydrology, 558: 301-313.

Wigmosta M S, Vail L W, Lettenmaier D P. 1994. A distributed hydrology-vegetation model for complex terrain[J]. Water Resources Research, 30(6): 1665-1679.

Wischmeier W H, Smith D D. 1978. Predicting rainfall erosion losses[J]. USDA Agricultural Handbook No. 537: 285-291.

Xu X B, Yang G S, Tan Y, et al. 2018. Ecosystem services trade-offs and determinants in China's Yangtze River Economic Belt from 2000 to 2015[J]. Science of the Total Environment, 634: 1601-1614.

Yang W, Jin Y W, Sun T, et al. 2018. Trade-offs among ecosystem services in coastal wetlands under the effects of reclamation activities[J]. Ecological Indicators, 92: 354-366.

Zhang Y R, Chen J, Huang B. 2021. Integrated flood risk management on sedimentation, course stabilization and spare-course planning in Yellow River Delta[J]. IOP Conference Series: Earth and Environmental Science, 675(1): 012032.

附图 1　黄河岸线典型岸段照片

青海龙羊峡段

青海龙羊峡段

青海贵德段

青海贵德段

甘肃兰州段

甘肃兰州段

宁夏中卫段

宁夏中卫段

内蒙古包头段

内蒙古包头段

陕西佳县段

陕西佳县段

河南三门峡段

河南三门峡段

河南郑州段

河南郑州段

山东黄河入海口

山东黄河入海口

注：图片来源于作者调研考察拍摄。

附图 2 黄河岸线野外考察照片

上游支流考察

龙羊峡考察

贵德段考察

贵德段考察

佳县段考察

佳县段考察

花园口水文站考察

郑州花园口段考察

郑州花园口段考察

郑州花园口段考察

黄河入海口区域考察

黄河入海口区域考察

注：图片来源于作者调研考察拍摄。